愛犬 的 美味 健康煮

PART 1 新手上菜

第一次為愛犬做料理大哉問

PART 2 一歲以下的寶貝

幼犬營養料理

PART 3　一歲以上的寶貝

成犬營養料理

PART 4　七歲以上的寶貝

高齡犬營養料理

PART 5 寶貝的幸福時刻

營養品&零食DIY

PART 1 新手上菜

第一次為愛犬
做料理大哉問

給狗狗主人の話

想要為寶貝們洗手做羹湯？

所有你不懂，想知道的事，

這裡通通一次告訴你！

看到寶貝們滿足地
吃著自己做出的愛
心料理，是一件很
幸福的事喔！

你家也有傷腦筋的挑嘴狗嗎？

一看到飼料轉身就走，餓牠個幾天幾夜還是不為所動，你家是否也有隻令你傷透腦筋的挑嘴狗呢？那這三大飼養重點你一定要知道，保證讓挑嘴狗乖乖就"飯"！

現在的狗狗越來越幸福，把拔馬麻都會買很多的零食給寶貝們吃，也因此有不少狗狗就這樣把嘴給養刁了，只要看見飼料轉身就走，一點都不眷戀。甚至有些狗狗即使一連餓個好幾天，胃酸都吐了出來，還是說不吃就不吃，看得把拔馬麻心疼不已只好投降，每天以罐頭、零食當正餐，只要寶貝願意吃就好，但如果長期以這樣的方式飼養，狗狗的營養將嚴重失衡，讓健康亮起紅燈。
一開始就養成寶貝們正確的飲食習慣，會比等到牠們開始挑食後，才來糾正容易得多，因此不論你的狗狗現在有沒有這個困擾，請從現在開始，就用以下的方式來培養出牠們的好胃口吧！

定時、定點、定量用餐

可以選在我們吃完飯後再餵狗狗吃東西,但重點是我們吃飯時,絕不能跟牠們分享我們吃的東西,這樣可以激起牠們的食慾,等到餵牠們的時候,狗狗就會迫不及待把碗裡的東西吃光光。而除了餵食的時間之外,狗碗裡不要有任何的食物,或是最好平常就將狗碗收起來,等到要餵牠們吃東西時才拿出來,讓狗狗知道若沒有在固定的時間內吃東西,即使肚子餓了也找不到東西可吃。

不時變換一下不同菜色

要天天吃同樣味道的飼料,還能保有好胃口,確實也太強 "狗" 所難了。可以利用更換不同口味或牌子的飼料,或是用飼料與新鮮食材參半的方式,等到更有時間的假日,再下廚做手工料理,這樣不時的做些變化,就能讓狗狗不但餐餐吃得開心,同時營養也會更加均衡。

把零食做為獎勵或訓練

零食通常是造成寶貝們挑食與肥胖的主要原因。尤其市面上賣的零食,很多都添加了大量的香料,吃得太多便會讓狗狗缺乏食慾,也讓牠們的味覺變得遲鈍。因此在購買時,也別忘了還是以天然、少加工的產品為主,也不要隨便餵食零食,當狗狗們需要獎勵,例如在牠們很快把飯吃光後,或是做對了你要牠做的事後,才以零食作為給牠們的一種鼓勵。

寶貝們不可或缺的六大營養素

營養是否均衡，或多或少會反應在狗狗的健康狀態上，因此不妨從平常的飲食當中，為牠們的健康打好基礎，這樣不但能預防許多疾病的發生，甚至可以調整體質，就連各種常見的小毛病也能獲得改善。

生命的泉源—水

水不只是身體當中血液與其他體液的主要成分,各種營養素的輸送、廢物的代謝都需要依靠水分來運作,任何生命機制的平衡也都與它有關,因此狗狗即使不吃任何東西,但若是有充足的水分,也能夠生存數個星期以上,不過只要完全不喝水,最快二到三天就會死亡。

水分不足 的影響

當狗狗每天所攝取的水分不足夠時,體內的廢物便無法順利排出,堆積的毒素就會造成很多小毛病,像是尿液很黃、味道很重,精神狀況不佳,容易脫毛、毛髮變色等,都有可能跟飲水不足有關。

水分的主要來源

乾淨的飲用水
富含水分的天然食物

身體的基本架構—蛋白質

蛋白質分為動物性與植物性兩大類,而動物性蛋白質較容易被狗狗所消化吸收。它是組成身體細胞、組織中不可或缺的成分,因此在一般狗狗的飲食當中,蛋白質的含量應佔所需熱量的30%左右。

蛋白質不足 的影響

缺乏蛋白質的幼犬,會造成發育不良、瘦弱,而成犬則會有貧血、嚴重脫毛、缺乏食慾及活力等問題。

蛋白質的主要來源

動物性蛋白質有肉類、魚、蛋
植物性蛋白質有豆類、全穀類

身體的防護網─脂肪

脂肪是熱量的主要來源，它可以調節體溫，幫助身體禦寒；此外，脂溶性維生素也需要靠它來作用吸收。脂肪也會在器官與組織間形成保護膜，以減少摩擦與撞擊所帶來的傷害。

脂肪不足 的影響

最明顯的就是狗狗的皮毛會缺乏光澤，皮膚乾燥而產生許多皮膚疾病，冬天時特別容易怕冷。

脂肪的主要來源

動物性脂肪有肉類及魚當中的油脂；植物性油脂有亞麻仁油、菜籽油、月見草油

能量的來源─碳水化合物

醣類與纖維素都屬於碳水化合物，而醣類主要是提供能量，纖維素則是幫助腸道的運作，讓排便更加順利，不過由於狗狗的腸道較短，對於纖維素的需求不像人類那麼多，纖維質攝取過多，反而對牠們會變成一種負擔。

碳水化合物不足 的影響

缺少纖維素會造成便秘，而醣類缺乏則會發生低血糖問題，不過一般狗狗對於碳水化合物的需求並不多，所以很少會有碳水化合物攝取不足的狀況。

碳水化合物的主要來源

富含醣類的食物以澱粉類為主，像是米、麥及根莖類蔬菜；而纖維素則普遍存在於各種蔬果之中

身體機制的平衡—礦物質

礦物質也和維生素一樣，有很多種類，雖然在狗狗所需的營養成分中，礦物質所佔的需求比例不高，但它卻仍然相當重要。例如其中的鈣，就是骨骼和牙齒生長的主要成分，因此千萬不可忽略了礦物質的重要性。

礦物質不足 的影響

缺少礦物質可能會造成骨骼發育不良，或是罹患骨質疏鬆症、甲狀腺疾病、肌肉無力等現象。

礦物質的主要來源

肝臟（不過要避免有抗生素的殘留）、奶製品、藻類、小麥胚芽、肉類、骨頭

細胞的修復—維生素

維生素的種類很多，主要分成脂溶性與水溶性兩種，它是幫助細胞生長與修復的重要推手。不過很特別的是，狗狗的體內能自行合成維生素C與K，因此通常不需要特別補充這兩種維生素，尤其是維生素K，若是攝取過量，還可能造成血溶性貧血。

維生素不足 的影響

缺乏維生素會使得免疫能力下降，並且加速老化現象，對於肝臟也很容易造成傷害。

維生素的主要來源

內臟（不過要避免有抗生素的殘留）、蛋黃、豆類、奶製品、紅蘿蔔、青花菜

餵食份量計算表

市售的飼料包裝上普遍都會標示餵食量，依照狗狗的體重，就能算出每日所吃的飼料克數，但那終究只能作為一個參考值，而非絕對值。不同的犬種、年齡、體質的吸收能力、身體狀況、活動量、飼養環境等...都會影響狗狗的營養需求，因此狗狗每餐究竟該吃多少，實在是一門很大的學問。

以下是狗狗的一日所需熱量計算表，可根據牠們的體重，或是特殊時期計算出大約的熱量需求，然後再觀察實際情況來做調整。

一日熱量計算公式：{（體重kg×30）＋70}×係數（大卡）

係數對照表（依體重計算）	體重kg	係數
	2-20	1.8
	21-34	1.7
	35-44	1.6
	45以上	1.5

係數對照表（依體重計算）		
	減肥期	1.0
	已結紮成犬	1.6
	未結紮成犬	1.8
	懷孕期前40天	1.8
	懷孕期後20天	3.0
	活動量大	3.0-8.0
	哺乳期母狗	4.0-8.0
	剛斷奶到4個月大幼犬	3.0
	4個月以上的幼犬	2.0

※範例：

一隻8公斤重，運動量普通的未結紮成犬，一天所需的熱量為：

{（8kg×30）＋70}×1.8＝558大卡

一天吃兩餐，則一餐的熱量就是：

558÷2＝279大卡

依體重計算出的一日所需熱能對照表（參考資料）

體重kg	大卡	體重kg	大卡	體重kg	大卡	體重kg	大卡	體重kg	大卡
1	125	11	720	21	1190	31	1650	41	2015
2	234	12	774	22	1241	32	1699	42	2061
3	288	13	828	23	1292	33	1749	43	2080
4	342	14	882	24	1343	34	1776	44	2126
5	396	15	936	25	1394	35	1792	45	2130
6	450	16	990	26	1445	36	1840	46	2175
7	504	17	1044	27	1496	37	1888	47	2220
8	558	18	1098	28	1547	38	1936	48	2265
9	612	19	1152	29	1598	39	1984	49	2310
10	666	20	1206	30	1600	40	2006	50	2355

PS.無底色欄目為基本質，無法套用公式計算。

蛋白質需求佔總熱量的30％

計算出一餐所需的熱量之後，再乘以百分之三十，就等於蛋白質的需求。

※範例：
若是一餐的熱量需求為200大卡，而蛋白質則為：
200×0.3＝60大卡

脂肪需求佔總熱量的5％

計算出一餐所需的熱量之後，再乘以百分之五，就等於脂肪的需求。

※範例：
若是一餐的熱量需求為200大卡，而脂肪則為：
200×0.05＝10大卡

其餘為碳水化合物＋維生素＋礦物質

將總熱量減掉蛋白質與脂肪量之後，其餘就是碳水化合物與蔬果的需求量。
※範例：
若是一餐的熱量需求為200大卡，扣掉蛋白質及脂肪為：200-60-10＝130大卡

至於每一種食物所含的熱量及份量計算，可以到行政院衛生署的食品衛生處網站查詢

以自製狗餐替換飼料的熱量計算方式

若狗狗每餐熱量需求是200大卡，而飼料包裝上的建議食用重量為80克時，想要將飼料減少50％，就必須從天然食材中補充：
200×0.5＝100大卡

這樣烹調，營養不流失！

以天然的食材自己烹煮出來的狗餐，想要達到AAFCO所訂的營養標準並不容易，因為即使是依照狗狗的熱量需求，精準計算出食材的份量，但是在料理的過程中，難免會造成部分營養的流失。不過，這樣的問題同樣可能出現在市售飼料中，因此也不必太過擔憂，所謂的營養標準不過是一個參考數據，只要能在料理時掌握到一些大原則，多嘗試幾次，你就會發現自製狗餐其實並不難，也不致於讓狗狗的營養出現太大的偏差。

POINT 1
六大營養素不能缺

狗狗的每一餐,都不能缺少1.水、2.蛋白質、3.脂肪、4.碳水化合物、5.維生素、6.礦物質這六大營養素,以一隻健康的成犬為例,蛋白質的需求量約占總熱量的百分之三十;脂肪為百分之五;其餘則是碳水化合物、維生素與礦物質,而幼犬、老犬或是有特殊需求的狗狗,在比例上會有所不同。

基本上,自製的狗餐中,應該有肉類+蔬果+澱粉+豆類+油脂,而且食材必須經常變換,這樣才能讓營養更加均衡。

POINT 2
選擇當季天然食材,均衡多樣化

一餐之中,同類型的食物可選擇2-3種食材,例如蔬果方面,以紅蘿蔔+高麗菜+青椒來搭配,而肉類也可以是雞肉+羊肉,或偶爾用內臟來替代,如此多樣化的變換,才能更全面地獲得不同的營養。最重要的是,在食材的選擇方面,應盡量以當季盛產的食材為主,因為當季的食材不但新鮮,而且往往物美價廉。

POINT 3
根據狗狗的實際需求隨時做調整

狗狗究竟應該吃多少,或是需不需要營養品的補充,雖然有一套標準可供參考,但實際上每隻狗的健康狀況與需求都不太相同,例如小型犬與大型犬、懷孕期和已結紮的狗狗,即使牠們的體重同樣都是五公斤,但每一隻狗狗所需要的熱量和各種營養比例都不盡相同,因此在餵食的時候,應該根據狗狗的生理需求隨時做調整,這樣牠們不但會更加活潑可愛,也能大大降低各種疾病發生的機率。

POINT 4

生鮮狗餐應儘速吃完

自製狗餐的好處是新鮮、天然，可以依照狗狗的營養需求自由調配，不過缺點就是不耐久放，在常溫之下更容易氧化腐敗，因此必須很快吃完，不像乾飼料即使放在外面一整天，也不怕變質。

不過一般來說，狗狗對於生鮮料理的反應極佳，往往是立刻一掃而空還嫌不夠，但我們在自製狗餐時，通常沒有功夫一餐餐的煮，所以會一次煮好幾天的份量，這時，最好的保鮮方式，就是以一餐一餐的份量分開冷凍保存，等到要餵食的時候，再稍微加熱即可，這樣營養就不至於因一再地反覆冷凍和加熱而大量流失了。

POINT 5

依營養素的特性烹調以減少流失

蛋白質與大部分的礦物質不容易受到溫度的影響，所以在烹調的時候不用擔心，但對維生素來說，就會有很大的影響了。多數的維生素會被高溫所破壞，或是溶解在水中，營養因此而流失。

雖然狗狗對於多纖維的蔬果難以消化，因此切碎後再餵食會比較好，但在烹煮富含維生素的蔬果類食材時，最好先不要把蔬果切得太碎，因為切得越碎雖然越快煮熟，但營養流失的也更多，因此不妨先切成一口狀大小，等到煮熟之後再切碎，就能減少維生素的破壞。此外，清蒸的方式又比水煮更加營養，最好不要超過二十分鐘以上。若是有湯汁的話，也不要輕易倒掉，裡面還有著水溶性維生素的營養，一起拌著食物給狗狗吃，相信狗狗會很喜歡的。

循序漸進的換食計畫

長期吃飼料的狗狗如果突然改吃手工料理，很可能會因腸胃不適，而發生腹瀉或嘔吐現象，因此以循序漸進的方式來換食是很重要的。而經常吃自製狗餐的狗狗，由於能接觸到各種天然食材，腸胃會變得更加強健，也不再那麼容易發生拉肚子的毛病了。

Step 1

>>充分混和

在餵食的時候，各種食材必須攪拌均勻，尤其是飼料與生鮮食材參半的時候，若是沒有攪勻，狗狗會從中挑出喜歡吃的東西，因而讓牠養成挑食或偏食的壞習慣。

Step 2

>>調整比例

用三天到一個星期的時間，如果比較敏感的狗，則要用更長的時間，將飼料與手工料理的比例慢慢對調過來，盡量減輕對腸胃的刺激。

Step 3

>>食材測試

每嘗試一種新的食材，應該先以少量進行測試，不過如果不確定狗狗能不能吃的食材，最好不要冒險餵食，以免狗狗發生過敏、腹瀉，甚至中毒等不良反應。

Step 4

>>觀察反應

若糞便中出現無法消化的食材，應考慮進行更換，或是下次餵食的時候，要再切得更碎一點，而這種狀況通常都發生在纖維質較多的蔬果中。

Step 5

>>靈活調配

狗狗的生理需求會不斷的改變，例如年齡增長、季節環境變化、懷孕哺乳期…因此要能夠依照不同的情況，適時靈活地調整各種營養的比例。

Step 6

>>持之以恆

想利用天然健康的飲食方式來調整體質，需要長時間不間斷的努力，其中也有可能因排毒現象或體質改變而發生一些小毛病，但若是能堅持下去，就能看得到成效。

PART 2

For 一歲以下的寶貝

幼犬 營養料理。

狗狗的骨骼和體質良好與否，建立在成長階段的幼犬時期，這時給予豐富均衡的營養，能幫助愛犬發育強健，毛髮也會更亮麗。除此之外，幼犬非常活潑好動，這時也是教育牠們的黃金期喔！

PUPPY's ♥ Recipe 🐱 PUPP ♥ Recipe 🐱 PU

希望你能永遠健康快樂，
長長久久和我相伴...

除了吃好吃的東西，
我們也很喜歡
跟把拔、馬麻一起玩遊戲！

給狗狗主人の話
成長的階段，
最需要營養的灌溉，
幫健康打好基礎，
從此遠離病痛，
讓寶貝快樂長大！

Recipe 🐾 PUPPY's ♥ Recipe 🐾 PUPPY's ♥ Recip

Recipe 1

羊肉湯泡飯

材料 羊肉片　馬鈴薯　小黃瓜　蕃茄
白蘿蔔　白飯　水

＊材料份量請參考P.16餵食計算表

👨 堂主料理筆記

有些狗狗不喜歡很重的菜味，但如果是用羊肉或牛肉煮出來湯汁，就能將青菜的味道蓋掉，對於不喜歡吃菜的狗狗，可以試試這個方法喔！

★ 做法：

1. 將小黃瓜、馬鈴薯、白蘿蔔洗淨後刨成絲
2. 蕃茄燙熟後去皮切碎
3. 水煮開後放入羊肉片、白蘿蔔、馬鈴薯、小黃瓜絲
4. 關火後再將其他材料一起放入

Plus Recipe

飼料變化式

材料 羊肉片　馬鈴薯　小黃瓜　蕃茄
白蘿蔔　飼料　水

＊材料份量請參考P.16餵食計算表

★ 做法：

1. 將小黃瓜、馬鈴薯、白蘿蔔洗淨後刨成絲
2. 蕃茄燙熟後去皮切碎
3. 水煮開後放入羊肉片、白蘿蔔、馬鈴薯、小黃瓜絲與蕃茄
4. 最後將飼料加入拌勻

有香香的肉味，
再也不怕吃青菜了啪！

幼犬の營養料理

Recipe 2
軟骨蔬菜蛋炒飯

材料 雞腿肉　雞軟骨　雞蛋　西洋芹
紅蘿蔔　白飯　葵花油

＊材料份量請參考P.16餵食計算表

 堂主料理筆記

當幼犬開始練習吃較硬的食物時，雞軟骨是很好的食材，它不但有軟硬適中的咬勁，其中更有豐富的膠原蛋白。我常常會用雞軟骨當作狗狗的零食，牠們很愛吃，又不怕熱量過高。

★ **做法：**
1. 將雞腿肉和軟骨切成一口大小
2. 西洋芹、紅蘿蔔洗淨後切碎
3. 雞蛋打成蛋汁備用
4. 將雞腿肉、軟骨以葵花油炒熟後，依序加入蛋汁、紅蘿蔔、西洋芹和白飯一起拌炒至熟

Plus Recipe
飼料變化式

材料 雞腿肉　雞軟骨　雞蛋　西洋芹
紅蘿蔔　飼料　　＊材料份量請參考P.16餵食計算表

★ **做法：**
1. 將雞腿肉和軟骨切成一口大小
2. 西洋芹、紅蘿蔔洗淨後切碎
3. 雞蛋打成蛋汁備用
4. 將雞腿肉、軟骨以葵花油炒熟後，依序加入蛋汁、紅蘿蔔、西洋芹一起拌炒至熟
5. 最後將飼料加入拌勻

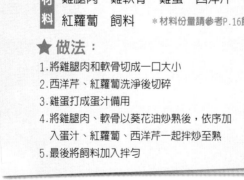

幼
 犬
の
 營
 養
料
理

Recipe 3
雞絲麥片粥

材料 雞胸肉　燕麥片　雞蛋　豆腐　紅蘿蔔　青花菜
芝麻粉（做法請參考P.88）　　大骨高湯（做法請參考P.82）
＊材料份量請參考P.16餵食計算表

★ 做法：
1. 將紅蘿蔔、青花菜洗淨，切成一口狀大小
2. 把雞胸肉和切塊的紅蘿蔔與青花菜一起蒸熟
3. 蒸熟的雞胸肉撕成條狀；紅蘿蔔與青花菜切碎備用
4. 豆腐切成塊狀；雞蛋打成蛋汁
5. 將燕麥片倒入大骨高湯中煮成粥後，放進豆腐與蛋汁
6. 關火後再加入芝麻粉與做法3的備用食材

> 😊 堂主料理筆記
>
> 斷奶後的狗狗，要從軟爛的食物開始慢慢訓練到吃固體食物，因此這道麥片粥就很適合，而且保證牠們會很喜歡。若是怕大骨高湯太油膩，小狗狗的腸胃不能適應，也可以先換成雞骨高湯。

Recipe 4
雞蛋馬鈴薯泥

材料 白煮蛋　　牛絞肉　　馬鈴薯
　　 紅蘿蔔　　豌豆仁

* 材料份量請參考P.16餵食計算表

★ 做法：

1. 將白煮蛋切碎備用
2. 馬鈴薯、紅蘿蔔洗淨切塊，與豌豆仁一起蒸至軟爛
3. 牛肉絞肉煮熟或蒸熟，並把煮出的湯汁瀝出備用
4. 把馬鈴薯與豌豆仁搗成泥，紅蘿蔔切碎
5. 將所有材料均勻混和，若是太乾的話，
   可適量加入做法3中所瀝出的湯汁

😊 堂主料理筆記

這是我個人很喜歡的點心，我的狗狗也非常喜歡，當牠因為季節變化而胃口不好的時候，這道料理總是有辦法讓牠胃口大開，而這道料理的蛋白質很豐富，又很容易消化，所以非常適合發育中的小幼幼喔！

PART
②

幼
犬
の
營
養
料
理

Recipe 5
鱈魚通心粉

材料 鱈魚　南瓜　蕃茄　生菜
通心粉　大骨高湯（做法請參考P.82）

＊材料份量請參考P.16餵食計算表

★ 做法：

1. 將蕃茄和南瓜去皮切丁
2. 生菜洗淨後切碎
3. 鱈魚的魚刺剔除乾淨
4. 用大骨高湯將通心粉煮熟後，加入鱈魚、蕃茄與南瓜以小火煮到軟爛
5. 關火前再放入切碎的生菜

 堂主料理筆記

這是一道很有飽足感的料理，而且能讓狗狗充滿活力，不過在處理魚肉的時候，千萬要注意將魚刺拿乾淨，但魚皮很有營養，一定要給狗狗吃，如果丟掉的話就太浪費嘍！

Plus
Recipe

飼料變化式

材料 鱈魚　南瓜　蕃茄　生菜　飼料
大骨高湯（做法請參考P.82）

★ 做法：

1. 將蕃茄和南瓜去皮切丁
2. 生菜洗淨後切碎
3. 鱈魚的魚刺剔除乾淨
4. 用大骨高湯將鱈魚、蕃茄與南瓜以小火煮到軟爛
5. 關火前再放入切碎的生菜及飼料

PART
②
幼
犬
の
營
養
料
理

Recipe 6
雞肉漢堡排

材料 雞胸肉　地瓜　豆腐或豆渣　高麗菜
　　　雞蛋　亞麻仁油

＊材料份量請參考P.16餵食計算表

★ 做法：
1. 將地瓜切塊蒸熟後搗成泥放涼備用
2. 高麗菜洗淨切碎
3. 把雞胸肉剁成泥後，加入所有食材一起攪拌均勻
4. 把肉排捏成想要的形狀後，放入電鍋蒸熟即可

😊 堂主料理筆記

這道料理可以換成不同的肉類，或是用不同的烹調法，就會有不一樣的口感。蒸出來的肉排會比較濕軟，適合剛長牙的小幼幼，如果給較大的狗狗吃，也可以用煎或烤的方式。

Recipe 7
肉碎豆腐粥

材料 豬絞肉　雞肝　地瓜　青花菜

豆腐　白飯　膠原蛋白湯（做法請參考P.84）

＊材料份量請參考P.16餵食計算表

★ 做法：

1. 雞肝、地瓜、豆腐切丁，青花菜切碎
2. 將絞肉、雞肝、地瓜、豆腐和白飯用膠原蛋
   白湯以小火熬煮
3. 等到所有食材煮熟後，最後再放青花菜，約
   2-3分鐘即可關火

> 😊 堂主料理筆記
>
> 做這道料理還有個
> 更快速偷懶的方法
> ，只要把所有食材
> 洗淨處理好之後，
> 一起放進電鍋蒸熟
> ，不但省時省力，
> 也不用擔心營養會
> 流失，很多料理也
> 都可以這樣做呢！

Recipe 8

牛肉拌豆渣

材料 牛腿肉　蕃茄　高麗菜
　　　馬鈴薯　豆渣　芝麻油

*材料份量請參考P.16餵食計算表

堂主料理筆記

豆渣就是磨煮豆漿後剩下的產物，它非常有營養而且很容易消化，可以做為狗狗的主食。要去哪裡買呢？一般有現做新鮮豆漿的店都可以買得到。

★ **做法：**
1. 將牛腿肉切成一口大小
2. 蕃茄、馬鈴薯去皮切丁，高麗菜切碎
3. 把豆渣加入做法1和2的材料一起蒸熟
4. 最後與芝麻油一起拌勻即可

Plus Recipe

飼料變化式

材料 牛腿肉　蕃茄　高麗菜
　　　馬鈴薯　飼料

★ **做法：**
1. 將牛腿肉切成一口大小
2. 蕃茄、馬鈴薯去皮切丁，高麗菜切碎
3. 把做法1和2的材料一起蒸熟
4. 最後加入飼料一起攪拌均勻

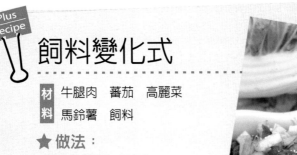

幼犬の飲食營養
＜離乳期～一歲以下＞

剛斷奶的狗狗即將接觸到母奶之外的食物，這個換食的過程，可說是非常重要的，因爲這將影響到日後的發育生長及體質強健與否，把拔馬麻們也應該在此時建立起牠們正確的飲食習慣。

Note 1

剛斷奶的小幼幼多半牙齒還沒有長齊，因此沒辦法吃很硬的固體食物，所以要先將飼料用溫水或以寵物奶泡軟後餵食。之後再慢慢依照牠牙齒的生長情況，增加食物的硬度。

Note 2

新鮮天然的食物對狗狗雖然很好，但如果你不確定如何能提供幼犬營養均衡，又不會給牠們造成負擔的天然食物，那麼在狗狗斷奶後至四到六個月前，最好還是以飼料做為主食，否則若是缺乏經驗，又給幼犬亂吃東西，很可能會讓狗狗的消化系統變得敏感脆弱，導致日後只要一吃錯東西，就很容易拉肚子的後遺症發生。

Note 3

在成長與發育階段的幼犬，對於營養的需求很高，因此在選擇飼料方面，一定要特別慎重。

除了選擇幼犬專用的飼料之外，還要看清楚包裝上的飼料內容跟來源，千萬別購買來路不明或不知名品牌的飼料，想想看，讓寶貝們將成分不明的東西給吃下肚，是多麼可怕的一件事。

Note 4

胖嘟嘟的小狗狗很討人喜歡，因此有些主人會過量餵食歐！但是在生長階段的幼犬，如果攝取了過多的能量跟營養，讓體重增加得太快，便會對骨骼的發育造成影響，尤其是大型狗的後果會更加嚴重，甚至有可能造成發育不健全，或是使骨骼和關節產生永久性的傷害。

最愛做的事，就是賴在把拔、
馬麻身邊，跟你們撒嬌......

Note 5

一般人常會認為，狗狗在成長期對鈣質的需求量大增，因此應該特別加強補充鈣質營養品，事實上，如果是選擇了好的幼犬飼料，這些營養素其實都已經足夠，給幼犬補充過量的鈣，反而會誘發各種骨骼疾病，或是令身體的荷爾蒙失調。

至於其他的營養補充品，除非是獸醫師提出的建議，否則當心補過了頭，只是會加重幼犬的肝臟、腎臟負擔，對牠們一點好處都沒有。

Note 6

若是想給狗狗餵食生鮮料理，可以從牠們6個月大之後，慢慢地在飼料當中加入天然食材，也可以用天然食材做零食，不過記得要計算與控制熱量，從中觀察牠們的身體反應，如果只有頭一兩天出現軟便，但不至於是嚴重的腹瀉問題，則屬於正常現象。為了容易觀察及判斷正確，以單一食材的方式加入，會比較能看得出狗狗是否對某種特定食物無法適應。

PART 3 *For* 一歲以上的寶貝

成犬 營養料理。

成長漸趨緩慢的成犬，在食量上一定要有所控制，若是仍不斷過量的補充熱量，狗狗的體重不但會直線上升，活動量開始降低，許多危險的慢性疾病也可能隨之而來。

給狗狗主人の話
生長期過後的狗狗，
維持健康的重要課題，
就是精準控制
所攝取的熱量，
才能將體重保持在
標準範圍內。

希望你能永遠健康快樂，
長長久久和我相伴...

Recipe 1
羊肉燉飯

材料 羊肉　西洋芹　馬鈴薯　蕃茄
無鹽奶油　脫脂奶粉　白飯　水

＊材料份量請參考P.16餵食計算表

★ 做法：
1.西洋芹、馬鈴薯、羊肉切丁，蕃茄去皮搗成泥
2.將羊肉用無鹽奶油炒熟後，加入水和脫脂奶粉
3.把西洋芹、馬鈴薯、蕃茄及白飯一起倒入拌炒
4.等到水份稍微收乾成即可

> 😺 **堂主料理筆記**
>
> 狗狗不能吃太燙的東西，所以要放到微涼才能給牠們吃，為了讓燉飯中的水分不會在等待的過程中完全消失，我通常不會把水分收得太乾，這樣狗狗在吃的時候，飯才不會糊成一團。

Plus Recipe

飼料變化式

材料 羊肉　西洋芹　馬鈴薯　蕃茄　飼料　水
無鹽奶油　脫脂奶粉

＊材料份量請參考P.16餵食計算表

★ 做法：
1.西洋芹、馬鈴薯、羊肉切丁，蕃茄去皮搗成泥
2.將羊肉用無鹽奶油炒熟後，加入水和脫脂奶粉
3.把西洋芹、馬鈴薯、蕃茄一起倒入拌炒，直到水份收乾
4.將做法3的醬汁與飼料攪拌均勻即可

YAMMY!

Recipe 2
肉燥通心粉

材料 豬絞肉　雞蛋　紅蘿蔔　高麗菜
青椒　通心粉　亞麻仁油

＊材料份量請參考P.16餵食計算表

★ 做法：

1. 雞蛋打成蛋汁
2. 紅蘿蔔、高麗菜、青椒切碎
3. 通心粉用滾水煮熟後備用
4. 鍋中倒入亞麻仁油先將雞蛋、絞肉炒熟
5. 再加入蔬菜與通心粉拌炒至熟即可

> 😊 堂主料理筆記
>
> 豬絞肉我通常都會
> 選擇以瘦肉為主的
> 豬後腿肉，這個部
> 位的脂肪較少，所
> 以熱量也較低，炒
> 過之後香味四溢，
> 每次一上菜，狗狗
> 就會迫不及待，立
> 刻秒殺呢！

Plus Recipe

飼料變化式

材料 豬絞肉　雞蛋　紅蘿蔔
高麗菜　青椒　飼料

＊材料份量請參考P.16餵食計算表

★ 做法：

1. 雞蛋打成蛋汁
2. 紅蘿蔔、高麗菜、青椒切碎
3. 依序將雞蛋、絞肉、蔬菜炒熟
4. 最後加入飼料攪拌均勻即可

Recipe 3
牛肉煎餅

材料 牛絞肉　豆腐　南瓜　青花菜　白蘿蔔
材料 麵粉　膠原蛋白湯（做法請參考P.84）

＊材料份量請參考P.16餵食計算表

★ 做法：

1. 南瓜去皮切塊，蒸熟後搗成泥備用
2. 青花菜、白蘿蔔切碎
3. 將所有材料一起攪拌均勻
　（膠原蛋白湯汁不能加太多，要讓所有材料能揉成麵團）
4. 揉成一口大小的球狀，然後壓扁
5. 用小火煎熟即可

當狗狗缺乏活力或是需要補充元氣的時候，不妨試試做這道料理幫牠打打氣，喜歡吃湯湯水水的狗狗，也可以用大骨高湯煮成肉丸子湯給牠吃。

成犬の營養料理

人家好想吃媽咪親手做的燉肉喔！

Recipe 4
馬鈴薯燉肉

材料 豬後腿肉　馬鈴薯　高麗菜　紅蘿蔔
豌豆仁　豆渣　水

＊材料份量請參考P.16餵食計算表

★ 做法：

1. 豬後腿肉切成一口大小
2. 馬鈴薯、紅蘿蔔切丁，高麗菜切碎
3. 將所有食材放入電鍋中蒸熟即可

> 愛牛料理筆記
>
> 這道料理中沒有穀物，而是以馬鈴薯和豆渣增加飽足感，是專門為對穀物過敏的狗狗所設計料理喔！

Recipe 5
鮭魚南瓜麵疙瘩

PART
3
成犬の營養料理

材料 鮭魚　南瓜　青花菜　雞蛋
　　　 麵粉　脫脂奶粉　無鹽奶油　水

＊材料份量請參考P.16餵食計算表

★ 做法：

1. 將鮭魚中的魚刺剔除乾淨
2. 南瓜去皮蒸熟後壓成泥備用
3. 青花菜燙熟切碎
4. 將麵粉、雞蛋與少許水一起揉成麵團
5. 水煮開後加入奶粉和奶油，將麵團捏成一口大
   小丟入
6. 把做法1和2的材料加入，煮至濃稠狀關火，最
   後撒上做法3的材料

> **堂主料理筆記**
>
> 每次煮這道料理的
> 時候，散發著濃濃
> 的奶味香氣四溢，
> 總是讓狗狗們口水
> 直流，遇到特別的
> 節慶時，我就會做
> 這道豪華的料理跟
> 寶貝們一起慶祝。

Plus Recipe
飼料變化式

材料 鮭魚　南瓜　青花菜　飼料　脫脂奶粉
　　　 無鹽奶油　水　＊材料份量請參考P.16餵食計算表

★ 做法：

1. 將鮭魚中的魚刺剔除乾淨
2. 南瓜去皮蒸熟後壓成泥備用
3. 青花菜燙熟切碎
4. 水煮開後加入奶粉和奶油，把做
   法1和2的材料加入，煮至濃稠狀關火
5. 最後將醬汁與飼料拌勻即可

成犬の營養料理

Recipe 6
雞肉地瓜沙拉

材料 雞胸肉　地瓜　豆渣
　　　豌豆　水煮蛋　堅果仁粉（做法請參考P.89）
＊材料份量請參考P.16餵食計算表

★ 做法：
1. 地瓜蒸熟後搗成泥放涼備用
2. 將雞胸肉、豌豆燙熟
3. 雞胸肉、水煮蛋切丁
4. 把所有食材一起加入，拌勻即可

堂主料理筆記
如果覺得地瓜泥太乾的話，我通常會加一點大骨高湯或是膠原蛋白湯汁，這樣不但能讓狗狗比較好吞嚥，也能增加食物的香氣。

Recipe 7
牛肉起司披薩

堂主料理筆記

沒有烤箱的人，可以利用平底鍋來做，只要先將做法2的的材料煎熟後，放上起司，利用餘溫就能讓起司融化，之後再放到土司上。而土司也別忘了稍微用平底鍋烘烤一下，就能變得有脆度。

材料　牛絞肉　馬鈴薯　蕃茄　青椒
　　　低鹽起司　堅果仁粉（做法請參考P.89）　白土司

＊材料份量請參考P.16餵食計算表

★ 做法：

1. 蕃茄、馬鈴薯去皮切碎，青椒切碎

2. 將牛絞肉與做法1的材料一起拌勻

3. 把做法2的材料均勻塗抹在土司上，最後放上低鹽起司與堅果仁粉

4. 放入烤箱中烤熟後取出，切成一口大小

Recipe 8
五絲炒飯

材料　羊肉　紅蘿蔔　高麗菜　小黃瓜
　　　雞蛋　白飯　葵花油
＊材料份量請參考P.16餵食計算表

★ 做法：
1. 雞蛋煎成蛋皮
2. 把羊肉、紅蘿蔔、高麗菜、小黃瓜、蛋皮切成細絲
3. 鍋中加入葵花油，依序將材料2的食材加入炒熟
4. 最後再倒入白飯一起拌炒即可

 堂主料理筆記

這道色彩繽紛的料理不但秀色可餐，而且營養豐富，一定能讓狗狗吃得高興，把拔馬麻也看得開心。

Plus Recipe
飼料變化式

材料　羊肉　紅蘿蔔　高麗菜　小黃瓜
　　　雞蛋　飼料　＊材料份量請參考P.16餵食計算表

★ 做法：
1. 雞蛋煎成蛋皮
2. 把羊肉、紅蘿蔔、高麗菜、小黃瓜、蛋皮切成細絲
3. 鍋中加入葵花油，依序將材料2的食材加入炒熟
4. 最後再跟飼料一起攪拌均勻即可

狗狗體質的好壞，
除了天生基因的影響之外，
和後天的飼養大有關連，
其中，飲食就佔了最主要的原因。

狗寶貝吃進去的
是營養還是負擔？

馬麻親自下廚的愛心料理真美味，我一定會乖乖吃光光！

　　不知道大家有沒有發現，身邊有越來越多朋友所飼養的狗狗，開始出現很多與皮膚、腸胃有關的問題，像是常常容易皮膚過敏，或是三不五時就拉肚子，即使不是什麼嚴重的疾病，但是時不時就出現個小毛病，然後帶去給獸醫打針、灌藥，令人在意地不只是驚人的醫療花費，更心疼狗狗們所承受的折磨。

　　追根究底，很多會造成狗狗們身體上小毛病不斷的問題來源，大部分還是跟飲食有關。雖然目前市面上的狗食，都符合了AAFCO的營養標準，而這套標準是由美國飼料管理官員協會所訂定的，這個營養標準還包括了狗狗在自然界謀生時，所難以獲得的營養素。但是這些飼料仍然存在著許多值得深思的問題，例如：在製作的過程時，原來的營養成分是否會遭到破壞；廠商為了增加飼料的嗜口性，和讓飼料看起來更為可口，是否會增加多餘的化學添加物，像是香料和色素；而飼料能達到長時間的保存期限，必然得添加防腐劑，即使這些劑量是屬於食用的合理範圍內，但若是長期且天天吃，仍不免令人擔憂對健康所可能造成的影響。

注意 食物導致の過敏！
過敏原常見的誘發食物

危險症狀：皮膚及眼睛紅腫、起疹子、呼吸困難
、不停搔癢、毛髮脫落、食慾不振、拉肚子

過敏發生的原因相當多，有些是因為天生遺傳的皮膚問題所導致
，也有的是受到後天環境衛生的影響，例如灰塵、塵蟎或是跳蚤
引發的過敏，但現在卻發現有越來越多的案例，是由於食物所導
致的過敏現象，而一般容易引發過敏的食物有牛奶、牛肉、豬肉
、穀類、人工添加物如香料、色素等，每隻狗引起的過敏原跟反
應皆不盡相同，如果是因吃了某種食物而引起過敏反應，日後再
接觸到同樣的食物而發生過敏的機率也相當高，因此如果發現狗
狗對於特定的食物有嚴重的過敏症狀時，就應盡量避免食用。
利用自然正確的飲食，例如多攝取天然的營養，當身體的免疫系
統增強之後，過敏現象自然就會減輕，甚至還有可能不藥而癒。

注意 心臟&胰臟の負擔！
攝取過多脂肪

危險症狀： 食慾及精神狀況不佳、呼吸困難有雜音、牙
齦或舌頭顏色慘白、反胃嘔吐

肥胖是心血管疾病的頭號殺手，狗狗自然也不例外，攝取了過多的脂
肪跟醣類之後，若是無法被消耗代謝掉，就會被身體儲存起來，因而
形成肥胖問題。一旦身體當中的脂肪讓血管變硬、變窄後，血液流速
就會減緩，使得心臟的運作更加費力。
而胰臟則是負責分泌消化與代謝脂肪及醣類的酵素工作，因此若是經
常大量攝取脂肪跟醣類，就會增加胰臟的負擔。也有些狗狗即使胰臟
沒有問題，但天生對於脂肪或醣類的分解能力較弱，因此若是吃了太
過油膩的食物，就很容易反胃嘔吐，這時最好能視情況調整食物的脂
肪含量。

注意 腎臟の負擔！
攝取過多蛋白質或鹽分

危險症狀： 不停喝水且頻尿、反胃嘔吐、
體重減輕、食慾及精神狀況不佳

腎臟是負責代謝與維持體內平衡的重要器官之一，它
就像身體的中央樞紐一般，主要是處理蛋白質的代謝
物，同時維持體內水分、酸鹼度及鉀鈉等化學物質的
平衡。因此若是攝取了過量的蛋白質，腎臟就必須加
緊努力，才能盡快將蛋白質所產生的代謝物質排出。

而狗狗由於只能靠腳底的汗腺排泄鹽分，因此若是吃
了太多的鹽分，短時間無法代謝，就會令體內的鉀、
鈉值難以平衡，進而造成腎臟負擔，一般天然食物中
所含的鈉，通常已經足夠狗狗的身體所需，所以不用
再添加多餘的鹽分。

注意 肝臟の負擔！
攝取過多化學添加物

危險症狀： 食慾及精神狀況不佳、體重減輕、上吐下泄、不停喝水且頻尿、有黃疸現象

肝臟和腎臟一樣，是幫助消化與代謝作用的器官之一，除此之外，它也具有解毒、凝血的功能，因此若是經常食用添加許多人工或化學添加物的食物，就會增加肝臟的耗損，嚴重時會發生發炎現象，若是沒有及早發現治療，還有可能導致肝臟硬化，甚至是罹患肝癌的風險。

肝臟功能不佳的狗狗，除了應盡量減少食用化學及人工添加物之外，含有糖份的甜食也最好避免給狗狗們餵食，平常不妨適度地補充一些容易消化的優質蛋白質，例如蛋黃，可以增強肝臟的健康。

PUPPY's Album

好香的料理喔！
口水都要流下來了...

人家的肚子
也好餓喔...

營養無負擔的 3 大飲食重點

Point 1
選擇天然無添加物的食物

以飼料或罐頭的選擇來說，包裝上的標籤通常都會註明添加物的成分，應盡量避免選擇添加太多含食用色素、著色劑、人工香料等的產品，因此千萬別被好看的顏色或香味給矇騙了，越是天然、接近原味的食物才是正確的選擇。

Point 2
隨時補充所需的水分

水分對狗狗的健康來說相當重要，尤其是長期吃乾糧的狗，更需要多增加飲水，因為水能有效幫助體內廢物和毒素的排泄。而吃自製狗餐的其中一項好處也在於此，因為天然食材中的水分較充足，能讓狗狗有機會獲得足夠的水分，同時增加飽足感。

Point 3
食材應豐富多樣化且容易吸收

若是想要自己動手做狗餐的話，在食材的選擇上應盡量多樣化，並且選擇當季的新鮮食材。而判斷狗狗是否容易吸收，可從牠的糞便中觀察，糞便量少且軟硬適中，就表示當日所吃的食物是易於消化吸收的。至於長期餵食飼料的狗狗，也可間隔一段時間，以漸進方式更換不同品牌或種類的產品。

PART 4 *For* 七歲以上的寶貝

高齡犬 營養料理。

高齡犬的身體與活動機能都開始衰退，尤其是消化系統，因此在餵食時應以容易消化吸收的食物為主，同時熱量的控制也要特別注意，營養跟熱量過剩，反而會給高齡犬帶來很大的負擔。

即使你已步伐蹣跚，漸漸跟不上我的腳步，但我仍然會對你不離不棄，照顧你一輩子…

給狗狗主人の話

身體機能開始衰退的時候，
過多的營養反而會造成負擔。
吃得飽不如吃得巧，
保持運動也很重要。

Recipe 1
雞肉煮蛋拌飯

材料 雞胸肉　白煮蛋　地瓜　大白菜
白飯　芝麻粉（**做法請參考P.88**）

＊材料份量請參考P.16餵食計算表

★ 做法：

1. 地瓜去皮切小塊，大白菜切碎
2. 雞胸肉、白煮蛋切小塊
3. 將地瓜、大白菜、雞胸肉分別用滾水燙熟或放至電鍋蒸熟
4. 最後將所有材料一起加入，並且攪拌均勻

> 😊 **堂主料理筆記**
>
> 年紀較大的狗狗，通常比較喜歡吃濕軟的食物，可以在拌飯中加一點大骨高湯或膠原蛋白湯，同時增加鈣質或膠質。

Plus Recipe

飼料變化式

材料 雞胸肉　白煮蛋　地瓜
大白菜　飼料　芝麻粉（**做法請參考P.88**）

＊材料份量請參考P.16餵食計算表

★ 做法：

1. 地瓜去皮切小塊，大白菜切碎
2. 雞胸肉、白煮蛋切小塊
3. 將地瓜、大白菜、雞胸肉分別用滾水燙熟或放至電鍋蒸熟
4. 最後將所有材料與飼料一起攪拌均勻即可

高
齡
犬
の
營
養
料
理

Recipe 2
海味泡飯

材料　白肉魚　紅蘿蔔　高麗菜
海帶　白飯　大骨高湯（做法請參考P.82）

＊材料份量請參考P.16餵食計算表

★ 做法：

1.將魚肉中的魚刺剔除乾淨後，用滾水煮熟或電鍋蒸熟
2.紅蘿蔔、高麗菜、海帶蒸熟後切碎
3.將所有材料加入，淋上大骨高湯

> 😊 堂主料理筆記
>
> 白肉魚比較不會引
> 發過敏，最好是選
> 擇魚刺不多的魚。
> 海帶的礦物質很多
> ，還富含有益軟骨
> 組織的膠質，但是
> 狗狗比較不容易消
> 化，所以記得一定
> 要切得很碎。

Plus
Recipe

飼料變化式

材料　白肉魚　紅蘿蔔　高麗菜
海帶　飼料　大骨高湯（做法請參考P.82）

＊材料份量請參考P.16餵食計算表

★ 做法：

1.將魚肉中的魚刺剔除乾淨後，用滾水煮熟或電鍋蒸熟
2.紅蘿蔔、高麗菜、海帶蒸熟後切碎
3.將所有材料加入，淋上大骨高湯

Recipe 3
馬鈴薯煎餅

材料 牛絞肉　馬鈴薯　紅蘿蔔
雞蛋　豆渣　脫脂奶粉　無鹽奶油

＊材料份量請參考P.16餵食計算表

★ 做法：

1. 將紅蘿蔔、馬鈴薯去皮切絲
2. 雞蛋打成蛋汁
3. 所有材料一起攪拌均勻
4. 在平底鍋放入無鹽奶油，將做法3材料平鋪在平底鍋上
5. 等到煎至金黃色後再翻面，起鍋後切成小口狀

> 堂主料理筆記
>
> 也可以把豆渣換成麵粉，會比較有硬度。在煎的時候可以稍微將材料壓緊實，等到一面成酥黃才翻面，其間不要一直撥動它，否則會很容易散掉。

Recipe 4
肉碎蒸蛋

材料 豬絞肉　雞蛋　紅蘿蔔
高麗菜　青花菜　大骨高湯（**做法請參考P.82**）

＊材料份量請參考P.16餵食計算表

⭐ **做法：**

1.將雞蛋打成蛋汁，加入大骨高湯

2.紅蘿蔔、高麗菜、青花菜切碎

3.將所有食材一起放入電鍋中蒸熟即可

😊 **堂主料理筆記**

狗狗缺乏食慾與活力時，不妨用這道料理哄牠開心，不過可別小看雞蛋中的蛋白質跟膽固醇，最多一個禮拜吃一次就好。

汪 汪

Recipe 5
南瓜麥片粥

材料 雞胸肉　南瓜　西洋芹
蕃茄　脫脂奶粉　麥片　無鹽奶油　水

＊材料份量請參考P.16餵食計算表

😊 **堂主料理筆記**

南瓜中有豐富的鋅，對於年老的狗狗很有幫助，若是狗狗不喜歡吃南瓜，可以用大骨高湯來煮，牠們會比較容易接受。

★ **做法：**

1. 雞胸肉切成小塊
2. 南瓜去皮蒸熟後壓成泥備用
3. 西洋芹、蕃茄去皮切碎
4. 將雞胸肉、蕃茄用無鹽奶油炒香
5. 之後加入水與其他材料煮至濃稠

飼料變化式

材料 雞胸肉　南瓜　西洋芹　蕃茄
脫脂奶粉　無鹽奶油　飼料　水

＊材料份量請參考P.16餵食計算表

★ **做法：**

1. 雞胸肉切成小塊
2. 南瓜去皮蒸熟後壓成泥備用
3. 西洋芹、蕃茄去皮切碎
4. 將雞胸肉、蕃茄用無鹽奶油炒香
5. 之後加入水、南瓜泥、西洋芹煮至濃稠
6. 最後再把醬汁跟飼料一起攪拌均勻即可

PART

高齡犬の營養料理

Recipe 6
羊肉炒豆渣

材料 羊肉　地瓜　小白菜　白蘿蔔

豆渣　堅果仁粉（做法請參考P.89）

＊材料份量請參考P.16餵食計算表

★ 做法：

1. 小白菜、白蘿蔔、地瓜去皮切碎
2. 將羊肉、豆渣用堅果仁粉炒香
3. 之後再加入做法1的材料，等到所有食材炒至熟軟即可

堂主料理筆記

羊肉本身的油脂較多，再搭配上堅果仁粉，脂肪含量就已足夠，而堅果仁中的油脂不但很香，還具有抗氧化的作用，能減緩狗狗的老化，也會讓狗狗的毛色變得更亮麗。

Recipe 7
芝麻優格

材料 低脂原味優格　蜂蜜
芝麻粉（**做法請參考**P.88）　溫水
＊材料份量請參考P.16餵食計算表

★ 做法：
1. 將蜂蜜用少許溫水調勻
2. 之後加入優格與芝麻粉即可

😊 堂主料理筆記

雖然可以直接把蜂蜜加入優格之中，不過我比較喜歡加點溫水來調和，以免給狗狗直接吃冰冷的優格對腸胃會太過刺激。而優格中的乳酸菌有益腸道健康，蜂蜜也能潤滑腸道，當狗狗有便秘的問題時，不妨給牠吃這道點心。

Recipe 8
牛肉蔬菜義粉湯

材料　牛肉　紅蘿蔔　蕃茄　高麗菜　西洋芹
　　　馬鈴薯　亞麻仁油　通心粉　大骨高湯
＊材料份量請參考P.16餵食計算表

 堂主料理筆記

燉煮蔬菜湯時，我
會技巧性地選擇耐
烹煮食材，這樣即
使蔬菜燉得軟爛，
還能保留住營養。
所有食材盡量切得
大小一致，也可以
節省烹煮的時間。

★ 做法：
1. 牛肉切成一口大小
2. 把紅蘿蔔、蕃茄、高麗菜、西洋芹、馬鈴薯切丁
3. 鍋中加入亞麻仁油，將牛肉炒香後加入大骨高湯
4. 最後把所有材料一起加入煮至軟爛

Plus
Recipe

飼料變化式

材料　牛肉　紅蘿蔔　蕃茄　高麗菜　西洋芹
　　　馬鈴薯　亞麻仁油　飼料　大骨高湯
＊材料份量請參考P.16餵食計算表

★ 做法：
1. 牛肉切成一口大小
2. 把紅蘿蔔、蕃茄、高麗菜、西洋芹
　 、馬鈴薯切丁
3. 鍋中加入亞麻仁油，將牛肉炒香後
　 加入大骨高湯
4. 最後把所有材料一起加入煮至軟爛
5. 之後再將飼料加入拌勻即可

狗狗們吃不得的
飲食禁忌 Oh No!

大部分我們所吃的東西狗狗都能吃，但牠們的身體構造畢竟和我們不同，以下所列的食物，是曾經引起狗狗中毒現象甚至導致死亡的飲食禁忌。但除了這些食材碰不得之外，一般的食材也應避免一次性大量食用，尤其是一些不常見的食物，或是你不確定狗狗是否能安全食用時，這樣才能確保狗狗的健康安全。

蔥 類

洋蔥、青蔥、紅蔥頭、韭菜

不論是生的或熟的蔥類食物，都會破壞狗狗的紅血球，造成溶血性貧血，導致狗狗昏迷、出血，甚至死亡。

水 果 類

葡萄、葡萄乾、酪梨、果核種子

葡萄和葡萄乾會引發狗狗腎臟功能受損或腎衰竭，因此而中毒的狗狗會上吐下瀉、精神不濟，甚至罹患尿毒症而送命；酪梨及許多水果的果核或種子則會造成狗狗嘔吐、腹瀉，嚴重時還會因呼吸困難而休克。

調味料 & 加工食品

鹽、胡椒、芥末、巧克力、咖啡、酒精飲料

狗狗所吃的食物，應該保持原味天然，因此不需要添加任何調味料，太甜、太鹹或太辣的食物對狗狗來說都過於刺激，會加重身體的負擔；巧克力讓狗狗中毒的現象可說是相當嚴重的，它會讓狗狗造成心悸、痙攣、昏迷、休克，甚至是死亡的嚴重後果；咖啡和酒精飲料同樣具有刺激性，很可能會發生與巧克力相同的中毒反應。

葷食類

雞骨頭、魚骨、生蛋白、蝦、蟹、貝類

狗狗可以從動物骨頭中獲得鈣質，但是魚骨和煮熟的雞骨頭因為很尖銳，容易刺傷狗狗的食道或腸胃，導致內出血的危險；生蛋白中含有一種卵白素，它會與體內的維生素H結合，若是這種維生素缺乏時，就會引起腹瀉、精神不濟、皮膚問題；而海鮮類的食物，像是蝦、蟹、貝類，狗狗都很難以消化，很容易造成消化不良，發生嘔吐或腹瀉現象。

其它的食物像是我們常吃的零食點心、水果等，也不宜給狗狗多吃，因為我們所吃的東西，通常都添加了許多調味料，對狗狗來說口味太重，不但會造成身體上的負荷，也會讓狗狗的味覺變得遲鈍，而且容易挑食。

而水果中的維生素C、纖維質雖然豐富，但實際上狗狗的需求量並不高，過多的纖維反而難以消化，再加上水果中的糖份含量也很高，容易讓狗狗變得肥胖，就算狗狗愛吃，也不見得是件好事，因此還是少餵為妙。

貪嘴的我們很難抵擋美食的誘惑，所以要靠把拔、馬麻來幫我們的嘴巴嚴格把關喔！

PART 5 寵愛寶貝的幸福時刻

營養品 & 零食DIY。

給狗狗主人の話

用天然食材自己動手做，
沒有任何人工添加物，
給牠的不是負擔，
而是滿滿的愛！

PUPPY's ♥ Recipe

PART

5

寶

貝

の

營

養

品

&

零

食

D

I

Y

保固骨本 Recipe 1

大骨高湯

材料　豬大骨　髮菜
　　　醋　水

 堂主料理筆記

煮大骨湯的水，應加到可蓋滿鍋中的大骨。加一小匙的醋可以幫助大骨中的鈣質溶解出來。等湯放涼後，我會放進冰箱讓它冷卻，這時油就會凝結在湯的表層，很輕易就能把多餘的油脂去除。買大骨時記得選擇切口平整的，這樣煮好的大骨還可以給狗狗磨磨牙。

★ 做法：

1. 豬大骨洗淨後用滾水川燙撈起，血水倒掉
2. 水煮開後關小火，將燙過的豬大骨放入
3. 將髮菜放進大骨湯中，並加入醋一小匙
4. 等到大骨煮熟，骨髓溶解出後即可

變化式

除了豬大骨之外，雞骨、牛骨、羊骨也可以如法炮製，只不過牛骨比較硬，而雞骨煮完之後，除了軟骨可以給狗狗吃之外，雞骨因為太尖銳，並不適合給狗狗啃，所以要特別留意。

保固骨本 Recipe 2
魚骨粉

材料 魚骨　醋　水

★ 做法：

1. 將魚肉剔除，留做料理食材備用
2. 把魚骨兩側的刺剪掉，保留中間的骨架部分
3. 水煮開後關小火，將魚骨放入，再加一小匙的醋
4. 等到魚骨軟化之後，再放進烤箱中烤至酥脆
5. 以食物調理機將魚骨打成粉末狀，再用密封容器放入冰箱收藏

😺 堂主料理筆記

若家裡有壓力鍋，
便能夠將魚骨的所
有部分燜至酥爛，
直接給狗狗吃。而
煮完魚骨的湯也不
要倒掉，加上魚肉
、蔬菜、白飯，不
就是一道營養十足
的海味泡飯了嗎？

寶
貝
の
營
養
品
&
零
食
D
I
Y

增加組織彈性 Recipe 1
膠原蛋白湯

材料 雞腳　雞翅　雞軟骨　水

★ 做法：

1. 將雞腳、雞翅與軟骨洗淨
2. 等到水煮滾後關小火
3. 把做法1的材料加入，熬煮至雞腳、雞翅軟爛後即可撈出
4. 待湯汁放涼後，再放入冰箱冷藏

😊 堂主料理筆記

煮熟的雞腳和雞翅雖然軟爛，但當中的骨頭還是很尖銳，狗狗們可是無福消受，所以通常都是我自己享用（^^），不過軟骨就可以留給牠們當作零食，放進冰箱冷卻之後的軟骨會變得比較乾硬，更有口感。

增加組織彈性 Recipe 2
魚膠凍

材料 魚皮 海帶 水

★ 做法：

1. 魚皮和海帶洗淨切碎

2. 等到水煮滾後關小火

3. 加入魚皮和海帶，熬煮到湯汁成稠狀

4. 待湯汁放涼後，裝入容器內放入冰箱冷藏成果凍狀

堂主料理筆記

海帶的鈉含量較高，所以不要放得太多，或是改用洋菜代替也可以。煮這一類湯汁的料理，通常我放的水量是以蓋過食材再多一點為準，等到煮到水低於食材，就表示差不多了。

增加組織彈性 Recipe 3
豬皮凍

PART
5

寶
貝
の
營
養
品
&
零
食
D
I
Y

材料 豬皮　豬蹄筋　水

★ 做法：

1. 豬皮和蹄筋洗淨，切成一口大小
2. 等到水煮滾後關小火
3. 加入豬皮和蹄筋，熬煮到湯汁成稠狀
4. 待湯汁放涼後，裝入容器內放入冰箱冷
   藏成果凍狀

> **堂主料理筆記**
>
> 豬皮的膠質很多，但是油脂也不少，在買的時候，我通常會請肉商幫我盡量把豬皮下的油給刮乾淨，等到湯汁凝結成凍之後，再將上層的油脂去掉，就不會太油膩了。而煮熟的豬皮我通常也會留一部份，做成狗狗們的零食，想知道怎麼做嗎？請看P.90

增加組織彈性 Recipe 4
蔬菜凍

材料 豆漿　山藥　蓮藕　洋菜

★ 做法：

1. 山藥、蓮藕去皮後切碎
2. 將豆漿煮開後關小火，並放入山藥和蓮藕
3. 等到山藥和蓮藕變軟之後，放入洋菜煮至融化即可
4. 待湯汁放涼後，裝入容器內放入冰箱冷藏成果凍狀

😊 堂主料理筆記

這算是一道全素的料理，在夏天的時候，我喜歡用這道料理做為狗狗消暑的點心，非常清爽。挑嘴的狗狗也可以將豆漿改成脫脂奶粉，相信牠們會更加喜歡。

增加毛色光澤 Recipe 1
芝麻粉

材料 黑芝麻　小麥胚芽粉

★ **做法：**
1. 將黑芝麻用小火慢炒
2. 直到散發出香氣後關火放涼
3. 倒入食物調理機中打成粉
4. 與小麥胚芽粉一同攪拌均勻

 堂主料理筆記

黑芝麻與小麥胚芽粉的比例為二比一。小麥胚芽粉有很好的抗氧化作用，也是天然的防腐劑，在五穀雜糧行、生機飲食店或中藥行都可以買得到。做好的芝麻粉容易受潮，最好用密封容器加上食物乾燥劑放入冰箱保存，越快食用完畢越好，平時可以加在狗狗的料理中食用。

增加毛色光澤 Recipe 2
堅果仁粉

材料 原味腰果　原味核桃　原味杏仁　小麥胚芽粉

★ 做法：

1. 將腰果、核桃和杏仁用小火慢炒或放入烤箱
2. 直到散發出香氣後關火放涼
3. 倒入食物調理機中打成粉
4. 與小麥胚芽粉一同攪拌均勻

☺ 堂主料理筆記

怕麻煩的人，也可以買已經經過烘焙過的堅果，不過要買沒有添加任何調味料的原味堅果，打成粉的堅果會出油，因此很容易結成一塊塊的，是自然現象，平常可以用來代替其他的油脂使用。

消除壓力の小零嘴 1
香脆豬皮乾

材料 豬皮

★ 做法：

1. 將豬皮洗淨，切成長條狀
2. 用滾水川燙後，去除皮下多餘脂肪
3. 放涼之後先置入冰箱讓它收縮
4. 再放入烤箱烘烤
5. 可重覆做法3和4，豬皮就會越來越硬，直到滿意的硬度即可

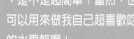 堂主料理筆記

喜歡自己DIY製作狗狗零食的人，有一樣東西一定要介紹給你們，那就是食物乾燥機！它能把食物中的水分烘乾，讓食物變得又乾又硬，很適合用來做狗狗的零食。像是這個做法稍嫌麻煩的豬皮乾，如果用食物乾燥機來製作，就可以省下很多功夫。只要將豬皮燙熟後，放入乾燥機烘乾，幾個小時後，又乾又硬的豬皮乾就出爐了，是不是超簡單？當然，也可以用來做我自己超喜歡吃的水果乾喔！

消除壓力の小零嘴 2
堅果豆渣餅

> **堂主料理筆記**
>
> 沒有烤箱的人，也可用平底鍋來製作。平底鍋中不要放油，然後用小火慢慢烘烤。要等到放涼之後再裝入密封容器中，才可以保持它酥脆口感。

材 料

豆渣	1/4杯
堅果仁粉	1大匙（做法請看P.89）
麵粉	1/2杯
脫脂奶粉	1大匙
水	適量

★ 做法：

1. 將豆渣、麵粉、堅果仁粉和脫脂奶粉一起攪拌均勻
2. 慢慢加水揉成軟硬適中的麵團
3. 把麵團揉捏成長條形或是喜歡的形狀
4. 之後放入200℃預熱的烤箱中，烤約10-15分鐘左右

增加活力の小零嘴 1
無鹽起司塊

堂主料理筆記

冷凍後的起司超硬無比，要再塑形就很困難了，因此我會在起司冷卻之後，將它裝入置冰盒裡，記得要盡量壓緊，起司才不容易變得碎碎的，冷凍之後就會成為大小適中的起司塊，一次餵一塊，既方便，份量也剛剛好。

材 料

脫脂奶粉	250g
醋	1小匙
水	100cc

★ 做法：

1. 將水煮開後關小火，加入脫脂奶粉
2. 等到脫脂奶粉完全溶解之後再倒入醋
3. 不停攪拌直到凝結物與液體分離
4. 用過濾袋或是濾網進行過濾
5. 待起司冷卻後，即可裝入容器放進冰箱冷凍保存

增加活力の小零嘴 2
紅蘿蔔雞肉條

材料

雞胸肉	2-3片
紅蘿蔔	半根
雞蛋	1顆

★ 做法：

1. 將雞胸肉剁成泥
2. 紅蘿蔔洗淨切碎
3. 雞蛋打成蛋汁後加入雞胸肉、紅蘿蔔，攪拌均勻後裝入擠花袋中
4. 擠出適當的長度，放入烤箱中烤至酥黃

> **堂主料理筆記**
>
> 雞胸肉的脂肪含量較低，是比較不會給狗狗帶來負擔的肉類零食選擇。如果常常做這個小點心的話，除了紅蘿蔔之外，也可以用地瓜、南瓜或是馬鈴薯來代替，經常變化，讓狗狗藉此攝取到不同的營養價值。

預防憂鬱の小零嘴 1
馬鈴薯芝麻糕

材料

馬鈴薯	1顆
地瓜	1顆
麵粉	1杯
脫脂奶粉	1大匙
芝麻粉	1大匙
水	適量

★ 做法：

1. 馬鈴薯、地瓜去皮後蒸熟壓成泥
2. 加入麵粉、脫脂奶粉、芝麻粉與水和成
   麵糊後，倒入容器之中，
3. 放進電鍋蒸熟即可

堂主料理筆記

這道小點心很適合把拔馬麻跟寶貝們一起
享用，有地瓜天然的甜味，散發著奶香，
不用再加其他的調味料就很好吃嘍！

預防憂鬱の小零嘴 2
QQ起司球

堂主料理筆記

我將這個小零嘴做成圓形的用意，就是在我餵牠們的時候，會將零食丟出去，讓狗狗去找，由於零食會在地上滾動，便能增加狗狗的注意力跟反應，可以邊吃邊玩，是不是很有趣呢？

材料

玉米粉	1/2杯
麵粉	1/2杯
雞蛋	1顆
無鹽起司	適量（做法請看P.92）
無鹽奶油	5克
水	適量

★ 做法：

1. 將玉米粉與麵粉攪拌均勻
2. 再加入雞蛋、無鹽奶油與適量的水揉成麵團
3. 將麵團分別捏成掌心大小，包入無鹽起司後搓成丸子狀
4. 放入180℃的預熱烤箱中，烤約15分鐘

提高免疫力の小零嘴 1
雞蛋豆花

寶

貝

の
營
養
品
&
零
食
D
I
Y

PART 5

材料	
無糖豆漿	200cc
雞蛋	1顆
洋菜	10g

★ 做法：

1. 將洋菜用水泡軟備用
2. 雞蛋打成蛋汁
3. 無糖豆漿煮開後，將打散的蛋汁倒入，並且不停攪拌
4. 將泡軟的洋菜放入，煮到融化即可關火
5. 倒入模具之中，放涼後置入冰箱冷藏凝結成凍

😺 堂主料理筆記

這也是我自己超愛的點心，當然也要跟寶貝們一起分享嘍！不過我自己吃的時候，會在上面淋上煉乳或蜂蜜，建議大家不妨也試試看喔！

提高免疫力の小零嘴 ②
香蕉奶酪

材料

原味優格	1/2杯
香蕉	1/4根
蜂蜜	少許

★ 做法：

1. 香蕉剝皮後搗成泥
2. 將所有食材攪拌均勻即可

☺ 堂主料理筆記

這三樣食材都是狗狗的最愛，而且也都有助於健胃整腸，當狗狗有消化不良或是便秘的問題時，我就會用這道小點心來解決。

營養無負擔！
天然食材補給站

Nature

即使市售的狗食完全符合AAFCO的營養標準，但其中難免會有化學物質的成分存在，因此對狗狗的身體來說，仍然會造成一定的負擔。秉持著「天然係尚好」的觀念，就算是沒有辦法天天下廚做狗餐，以市售狗食與天然食材參半的餵食方式，讓狗狗有機會多吃新鮮的健康食物，牠們自然會更加健康、快樂。

 # 肉類

肉類為狗狗提供豐富的蛋白質與脂肪，可說是牠們主要的食物。而不同的肉類及其各個部位都有著不同的營養成分，因此除非是狗狗對於某種肉類會產生過敏反應，否則建議應經常餵食不同的肉類，以達到各種營養的均衡攝取。

雞胸肉的脂肪含量比一般肉類低很多，是屬於低脂高蛋白的優質肉類，而且不容易引發過敏，因此除了做為主食外，也常被做成狗狗的零食點心，不過要注意的是，它的含磷量較高，若是有經常食用的狗狗，也要多增加鈣質的攝取。

羊肉屬性燥熱，平時不適合吃太多，但若是在冬天的時候食用，較不容易怕冷。此外，由於羊肉的菸鹼酸較高，對於維持狗狗的皮膚毛髮，以及神經系統健康也很有幫助。

 **Beef 牛肉**

牛肉的蛋白質相當容易被吸收，尤其是牛腱與牛腿肉的部分，脂肪含量不高，但是礦物質卻很豐富，像是鐵、鋅，有益血液與肌肉的生長，對於瘦弱體虛的狗狗，是很好的營養補給來源。不過牛肉的也是容易引發過敏原的食物之一，因此在給狗狗吃的時候，不妨多加留意，也不要過量餵食。

 Pork **豬肉**

豬肉給人的感覺很油膩，但事實上，豬腿肉與里肌肉的部分，脂肪含量比牛肉更低，而且它的維生素B1更是牛肉的十倍之多，很適合在狗狗缺乏體力和能量時食用。

 Fish **魚肉**

很多魚類當中都含有「OMEGA3脂肪酸」，能幫助降低膽固醇及抗發炎作用，對於狗狗的皮膚與毛髮健康很有益處，像是沙丁魚、鮭魚、鱈魚都很不錯。除了在給狗狗食用時，要注意避免魚刺的傷害之外，也有些狗狗對於紅肉類的魚比較容易產生過敏現象，而白肉類的魚所引起的過敏性則較低。

 PUPPY's ♥ Recipe

 奶蛋類

除了肉類之外，奶製品與蛋也相當受到狗狗們的喜愛，奶製品中有豐富的蛋白質與鈣，而蛋有優質蛋白質和多種維生素，不過這兩者都是容易引發過敏反應的過敏源，不見得適合所有的狗狗們，也要避免給牠們食用過量。

雞蛋的維生素營養，除了維生素C之外，幾乎全部都有，而蛋白是百分之百的蛋白質，不過，要特別注意的是，狗狗不能吃生蛋白，而生蛋黃則比較沒有關係。此外，攝取過量會造成腎臟負擔的磷含量也不高，因此雞蛋可說是比肉類更佳的蛋白質來源。可惜的是，它也是常引起過敏反應的來源之一，因此最好避免天天給狗狗餵食。

鮮奶是很好的鈣質營養來源，但狗狗對於牛奶當中的乳糖消化能力較弱，因此若是攝取過量，便很容易拉肚子。建議不妨將鮮奶以水稀釋，或是改用奶粉沖泡，不然，也可以選擇優格製品，因為優格經過牛奶的發酵作用，算是半消化狀態，更容易被吸收，因此能降低狗狗不適應的現象。

起司的鈣質豐富，也不容易發生乳糖不耐症的問題，但是一般的起司當中，卻含有很高的鹽分，即使是市面上專賣給狗狗吃的起司，多半也只是鹽份含量較低，因此並不建議常常給狗狗食用。

✅ 蔬菜&豆類

其實狗狗可以吃的蔬菜種類很多，除了有幾種特殊的食物不能碰之外（在P.76有做介紹），其他我們一般常吃的蔬菜，狗狗幾乎也都能吃，以下所介紹的，就是比較常見的蔬菜與豆類製品。不過任何食材在份量方面最好都能有所控制，由於餵食狗狗蔬菜的目的，主要是為了補充維生素與礦物質，而牠們的腸道較短，和我們不同，因此對於纖維質的需求也不如我們那樣多，再加上牠們在吃東西時，不像我們一樣會細嚼慢嚥，所以若是吃下太多纖維質，反而會難以消化。

Vegetable 青葉菜

葉綠色的蔬菜都有著豐富的礦物質與維生素，特別是顏色越深的，所含的鐵、鈣、鎂含量就越多，因此對於細胞生長、新陳代謝都很有幫助。不過葉菜類對狗狗來說很難消化，但若是煮得太爛，營養又會被破壞，最好的方式是將青菜燙熟之後，再將它們切碎，這樣就能保留住營養，又能幫助狗狗吸收了。

Carrot 紅蘿蔔

狗狗能將紅蘿蔔中的胡蘿蔔素轉化成維生素A，它能夠保護眼睛，對於維護視力有很大的益處；在皮膚保健方面，能在皮毛之間形成保護膜，減少皮膚因乾燥而容易搔癢的現象。紅蘿蔔可以生吃，將它切成條狀，偶爾餵食狗狗，是最天然健康的潔牙骨。

Cabbage 高麗菜

高麗菜當中有很多的酵素,但很容易受到高溫的破壞,因此不要烹煮過久,較能夠保留其中的營養價值,如果狗狗有便秘的情況發生,可以試著將適量的高麗菜切碎後餵食,就能獲得明顯的改善。除了高麗菜之外,大白菜也有差不多的營養價值,而且它的纖維較軟,狗狗也更容易消化。

Broccoli 青花菜

青花菜最為人所知的就是其抗癌物質,它具有很好的抗氧化作用,能減少化學污染對體內所造成的傷害。不過青花菜的營養價值雖高,但若是給狗狗吃得太多,則可能造成消化不良,甚至是甲狀腺腫大的問題。

Capsicum 青椒

青椒的胡蘿蔔素是蕃茄的3倍以上,維生素C更是多達13倍之多,還有能幫助強化細小血管的豐富維生素P,以及抗癌物質,它不像辣椒一般刺激,因此就連狗狗都很適合食用。

 **Pumpkin 南瓜**

南瓜的澱粉質很高,是碳水化合物很好的來源之一,而且澱粉能保護維生素不被高溫破壞,即使經過烹煮,營養也不致完全破壞,經常食用對於心血管與皮膚都很有幫助,也會讓狗狗更有活力。

  Sweet Potato 地瓜

地瓜除了能加速體內廢物的排泄之外,對於消除漲氣也很有幫助,而且它能預防心血管中的脂肪堆積,並且阻擾糖類轉變成脂肪,可以降低膽固醇、減少肥胖。平時也可將地瓜做成零食點心,會非常受到狗狗的歡迎。

南瓜、地瓜吃起來甜甜的,就連不太愛吃蔬菜的挑食狗也很容易愛上呢!

Potato 馬鈴薯

馬鈴薯當中有豐富的鉀,可以幫狗狗平衡身體中的鈉含量,將多餘的鹽分與其他廢物給代謝掉。若是有過敏性皮膚炎或是患有貧血的狗狗,平時不妨多食用馬鈴薯,對病情的改善將會有所幫助,不過馬鈴薯一定要煮熟後才能食用,以免具有毒性。

Tomato 蕃茄

蕃茄中的茄紅素能夠抗氧化、抑制癌細胞的生長，而且熟食比生食的營養成分更高，能夠減少發炎反應，幫助分解體內脂肪。在煮蕃茄的時候，最好能將外皮去掉，才不會對狗狗的消化帶來負擔。

Soybean 大豆

雖然肉類是狗狗很好的蛋白質來源，但也不能完全只攝取動物性蛋白質，而在植物性蛋白質中，大豆就是最好的營養來源，它對於提高狗狗的腎臟機能也很有幫助。不過一般煮熟的大豆較難消化，最好能將它煮至軟爛或是磨碎再給狗狗餵食，不然也可用豆腐來替代。

Radish 白蘿蔔

白蘿蔔當中的酵素也很多，有助於分解不容易消化的澱粉與蛋白質，可以減輕狗狗腎臟與腸胃的負擔，同時白蘿蔔的含水量很多，尤其是不常喝水的狗狗，吃了之後會增加尿液的排泄。但白蘿蔔的酵素會被高溫破壞，因此在餵食時，可以將生的白蘿蔔磨成泥，拌入其他食物中，越快吃完越好。

Ginger 薑

薑具有殺菌、鎮痛、抗發炎、抗氧化等多種作用，因此若是狗狗出現一些小毛病時，可以在它的食物中加入少量的薑，就能減輕這些問題。對於肝臟不好，或是腸胃很弱，一不小心就會因吃壞東西而拉肚子的狗，也有很好的效果。

PUPPY's ♥ Recipe

 穀物製品

這一類食物是碳水化合物的主要來源，它能夠轉換成醣類變成能量，也能增加飽足感，不過有些人認為穀物也是主要過敏源之一，因此並不贊成給狗狗們食用，但其實一般的飼料當中多少都有穀物類的製品，而它確實還是有著一定的營養價值。如果狗狗真的會對穀類產生過敏，不妨試試改用馬鈴薯、地瓜來代替。

 米飯

米飯方面可以選擇糙米或白米，兩者相比，糙米的營養價值自然比白米來得高，像是食物纖維、維生素B1和E都是白米的四倍，但是對狗狗來說，白米會更容易消化。在烹煮方面，可以盡量將米飯煮得濕軟些，有利於消化吸收。

 通心粉

小麥是麵食的主要原料，但通常許多麵食製品當中，都會加入鹽分，而一般的通心粉是少數沒有添加的，因此在購買時記得要看清楚包裝。煮給狗狗吃的通心粉，口感要比我們平時吃的更加軟爛，這樣狗狗才會比較容易消化。

 麥片

麥片當中的礦物質含量可說是穀物類之冠，維生素A和E的含量也相當驚人，它的脂肪之中，有百分之八十是有益的不飽和脂肪酸。將麥片與其他食材煮成糊狀的粥，狗狗很容易接受。

Toast 土司

偶爾利用土司做料理，既簡單又省時，狗狗也會很喜歡，白土司或全麥土司都可以。就算什麼都不加，只要稍微將土司烤得酥酥的，也可以成為狗狗低熱量的小點心。

Nut 油脂堅果

狗狗在肉類之中雖然可獲得足夠的脂肪，但如果完全從肉類當中去攝取，會造成膽固醇過高和心血管的負擔，因此對於肉類的脂肪還是要有所節制，而植物性脂肪是屬於不飽和脂肪酸，則不用擔心膽固醇的問題。

Flax Oil 亞麻仁油

亞麻仁油含有豐富的Omega-3脂肪酸，它是一種天然的抗氧化劑，還可以降低血脂中過高的膽固醇與血壓，防止心血管疾病的增加。對於狗狗的皮膚健康也很有幫助，能讓狗狗的毛髮更加光亮。

Rapeseed Oil 菜籽油

菜籽油的營養價值和其他植物油相比並不高，但由於它較容易被吸收，因此適合在需要額外補充時使用。值得注意的是，菜籽油在溫度較高時容易變質，所以應避免以高溫烹調。

Sesame 芝麻

芝麻裡有一半以上是油脂，並且富含亞麻油酸，能促進體內的荷爾蒙分泌，還有很多微量礦物質，有助於狗狗毛髮的生長。不過芝麻有堅硬的的外層保護，而且經過高溫烘炒後的抗氧化效果更佳，因此可以將芝麻以小火炒熟之後，再磨成芝麻粉餵食。

Walnut 核桃腰果

堅果類的食物中油脂非常豐富，而且是優良的不飽和脂肪酸，本身不但有多種維生素與礦物質，又有助脂溶性維生素的吸收，除此之外，其中還有很多抗氧化的植物性化學物質。對於活潑好動、熱量消耗量大的狗狗，堅果是很好的能量補充品。

PUPPY's ♥ Recipe

狗寶貝の料理大哉問

市售的狗食向來被公認為是提供狗狗營養均衡的最佳食品，但因為發生過不少飼料吃出健康問題的事件，使得許多人也開始對飼料感到懷疑，擔心其中的原料來源不明，或是會添加有害的化學物質，若是長期食用，很有可能會令健康亮起紅燈，因此有越來越多人贊成給狗狗吃新鮮食材做出的料理。

除了前面所說的因素之外，還有一個原因，相信是很多飼主都會面臨到的飼養難題，那就是挑食的問題了。由於現在的狗狗多半都跟我們生活在一起，特別是在我們吃東西的時候，當寶貝們用水汪汪的眼睛望著我們時，實在很難抗拒想要跟牠一起分享美食的衝動，因此牠們一旦嚐到了人類食物的美味之後，對於沒什麼味道、每日又一成不變的飼料，自然就興趣缺缺了，於是狗狗便會以絕食來抗議，反正當我們吃東西的時候，牠們也能大飽口服。不過為了狗狗的健康著想，添加了各種調味料的重口味食物應能免則免，以免為牠們的健康帶來太大的負擔，結果愛牠們反倒變成了害牠們。

自製狗餐的好處，是可以讓狗狗們吃到天然新鮮的食材，而且能夠隨時根據牠們目前的健康需求來做飲食的調整，此外，食材的變化，也會促進狗寶貝們的食慾，讓狗狗不再挑食、絕食。不過，第一次動手為狗寶貝做料理，很多人難免都會 "怕怕的"，特別是擔心給狗狗吃了不能吃的食材，或是不知道在烹飪時，會不會造成營養流失，導致狗寶貝營養不均衡…以下就是狗爸爸、狗媽媽們對於自製狗餐最常見的問題，解開了這些疑惑之後，相信大家都會明白，原來自己動手做寶貝們的料理，是這麼輕鬆愉快的一件事喔！

狗爸媽想知道的是 烹煮狗狗料理感覺費時又麻煩，而且對自己的廚藝一點信心也沒有……

幸福狗食堂主廚這麼說 烹煮狗狗的料理其實一點也不難，更不用擔心廚藝的好壞，只要是用愛心做出來的料理，狗狗們總是很捧場的啦！所以應該把料理心機放在保留食物的營養價值上，因此越是簡單、迅速的烹調方式，才更能保留食材的原味、口感與營養。

對狗狗而言的健康烹調方法，其實和我們人類一樣，清蒸、川燙、快炒都很適合，太過複雜的料理程序不但費時費力，而且會大大破壞了食物本身的營養，更不需要添加任何多餘的調味佐料，食物自然發出的香味，足以讓牠們開心地將碗盤舔得亮晶晶。

而幫狗狗準備一餐的時間，從食材的清洗、處理到烹調料理，通常才需要十五到二十分鐘的時間，只不過花費這短短的時間，就可以讓狗寶貝吃得開心又健康，是不是很值得呢？

狗爸媽想知道的是 狗狗們一旦開始吃自製狗餐，萬一沒時間做怎麼辦？

動物營養師這麼說 有時間、願意下功夫幫寶貝們設計營養均衡的狗餐自然很好，但相信大多數的人，都很難做得到每天下廚料理，因此不妨採用手工料理與飼料相互搭配的方式，有空的時候可以自製狗餐，忙碌的時候，就餵食飼料，或是在飼料中搭配天然的食材，經常多加以變化，如此一來，即使不能天天下廚也沒有關係。

另外一個簡便的方法，就是可以將營養不容易隨著存放而被破壞的食材處理備用，例如烹煮肉類時，可以一次準備好幾天的份量，放入冰箱冷凍，要吃的時候再跟蔬菜一起烹煮加熱，這樣自然就能夠節省不少時間。

自己做料理給狗狗吃，是不是會造成營養不均衡？

動物營養師這麼說

這是很多飼主都會問的問題。其實以我們自己生活中的飲食習慣來說好了，相信也沒有多少人，能做到每餐都很精準的在計算及攝取所需的熱量跟營養吧！除非是有特殊情況的狗狗，例如：健康狀況不良、活動量跟體能消耗特別大、懷孕生產或剛動完手術特別的營養補充對牠們來說是非常重要的，否則一般的狗狗也跟我們一樣，只要每日攝取新鮮、天然、多樣化的食材，自然能從中獲得各種的營養所需。

不過要注意的是，狗狗的身體構造畢竟跟我們不同，因此在營養的需求上也有些差異性，例如牠們能在體內自行合成維生素C、K，因此並不需要像我們一樣，藉由吃水果來加強補充維生素C，而且有些水果是狗狗不能碰的，所以在餵食前一定要知道。

Wan Wan

對狗狗來說，水和容易消化吸收的優良蛋白質，是牠們賴以生存的兩大重要能量來源，而天然的食材中，多少都存有水分，因此吃自製料理的狗狗們，會比較少喝水，但若是餵食飼料的時候，一定要記得給牠們補充足夠的乾淨飲水。此外，所謂優良的蛋白質，以動物性蛋白質為主，像是雞、牛、羊、豬、魚肉類，以及雞蛋都是。

要在這裡特別提出的一個迷思，就是常聽見有人說狗狗不能吃豬肉，認為豬肉的脂肪球過大不易消化，甚至舉出國外沒有生產豬肉的飼料，就是因為這個原因做舉證，但其實這個說法是錯誤的，如果真是如此，那我們吃豬肉時不也難以消化吸收？還是我們的消化能力會比身為肉食性動物的狗狗還強？因此這個說法只是一個迷思，國外的飼料當中，還是能找得到以豬肉做成的飼料，只是較為少見，而其中的原因，多半也是因為國外食用豬肉的習慣較不普遍所導致，有些國家的豬肉價格甚至遠比雞牛羊高，所以千萬別因此而忽略了豬肉的營養價值喔！

煮過的食物通常比較軟爛,是否會造成狗寶貝的咀嚼能力退化?

獸醫師這麼說

狗狗的牙齒確實需要有啃咬和撕扯的訓練,因此長期吃太軟的食物,會導致牠們的牙齒和上下顎能力退力,而我們自製的狗餐,由於多半是富含水分的天然食材,烹煮過後會更加軟化,當狗狗在吃這一類湯湯水水的食物時,通常不會經過啃咬跟撕扯,便直接囫圇吞下肚去,因此若是長期吃自製狗餐的狗狗們,建議平常可以餵食一些有硬度的零食或是大骨,幫助狗狗牙齒的訓練,但這並不代表光吃飼料的狗狗就不需要,也有很多狗狗在吃飼料時,因為它的顆粒太小而直接用吞食的,因此偶爾利用牛、羊、豬的大骨給狗狗們做零食,不但能強化牠們上下顎咬和的能力,同時也有潔齒的作用,骨頭中更含有豐富的鈣質,可說是一舉數得。

原來有關飲食營養的學問這麼多,千萬不要隨便聽信謠言,常向獸醫請教才能得到正確的觀念。

不過也值得提醒大家的是,大骨雖然有這麼多好處,但也不可餵食過量,特別是幼犬跟老犬也不適合,因為大骨除了很硬,對幼犬跟老犬的牙齒反而會造成傷害外,在經過消化後排出的糞便通常很乾硬,如果吃得太多,也有可能會造成狗狗便秘或肛門出血等問題,所以任何再好的東西也不能夠過量,否則反而會變成一種傷害。

此外,也有傳聞說給狗狗吃飼料之外的食物,容易造成牙結石的問題,事實上,並沒有任何數據顯示,長期吃飼料的狗狗罹患牙結石的機率,一定比吃其他食物的狗狗來得低,這完全跟口腔衛生有關,因此想要避免這個問題發生,平時應定期幫狗狗刷牙、清潔牙齒,除了可有效預防牙齒疾病之外,還能保持口氣的清新,免得當狗狗想要跟你玩"親親"時,會讓你無福消受喔!

經常給我們啃啃大骨，可以增加雙顎的咬合能力，同時也能達到潔齒的目的呢！

食材越多樣化，便便是不是會越臭？

獸醫師這麼說

「要餵什麼樣的飼料，狗狗的糞便才不會那麼臭、那麼多？」這是很多飼主常會問的一個問題。也許是因為現在一般人的居住空間都太小，所以狗狗在家中的排泄問題，跟所產生的臭味確實會造成不小的困擾，尤其是必須外出工作的人，若是長時間將狗狗留在家中，任牠在家中大小便，等到回來才清理，一開門時難聞的氣味立刻撲鼻而來，心情實在很難不受到影響。但這個問題的解決方式，不能夠只想著靠飲食來做改善，飼主應該是依照什麼樣的飲食對狗狗的健康比較好來做選擇，這一點才是最重要的。

而狗狗的排泄，並不見得會因為所吃的食物種類越多，味道就越重或排便量大增，如果牠們所吃的食物，很容易被吸收的話，身體所排出的廢物自然就會減少，所以只要選對了好消化、易吸收的食物，不但對狗狗的健康很有幫助，同時也能減少狗狗的排便量。

至於糞便的臭味問題，主要還是與消化有關，越容易消化的食物，在腸道內停留的時間就越短，腐敗味就不至於那麼重。另外，則是跟食物本身的氣味有關，像是牛肉、羊肉的味道較重，所排出的糞便味道自然也比較濃，而雞肉、魚肉的氣味就比較不明顯，但如果是依據這個原因，只讓狗狗長期食用單一種肉類，就可能造成營養失調的問題，因此最兩全其美的解決方式，就是能每天帶狗狗出門散步，並讓牠們養成固定在外面排便的習慣，這樣一來，不但可以減少屋子中因為狗狗的排泄物所產生的異味，同時也能大大改善居家環境的清潔。

不過還是要叮嚀一下飼主們，狗狗們在外面的便便，一定要隨手撿拾乾淨，包好後丟入垃圾桶中，可不能把自己不喜歡的髒臭留給別人喔！

狗爸媽想知道的是

若是擔心狗寶貝有過胖的問題,那給牠們吃素是不是比較好?

動物營養師這麼說

市面上雖然有給狗狗吃的素食飼料,但是由於動物性蛋白質,是最容易被牠們身體所吸收的主要營養成分,因此以肉類做為狗狗的主食,還是比較恰當的。而狗狗若是缺乏蛋白質,會產生很多問題,例如貧血、嚴重脫毛、食慾不振、發育不良,甚至可能會罹患與心臟有關的慢性疾病。

雖然說蛋白質除了動物性之外,也有植物性的蛋白質,可以從蔬菜、豆類、穀類中獲得,但是這一類的食物,通常纖維質含量也很高,對於腸道較短的狗狗來說,纖維質過多會加重牠們消化的負擔。除此之外,穀物類的食材當中,碳水化合物含量很高,它和脂肪一樣,也是熱量的主要來源之一,因此吃多了同樣會造成肥胖的問題。

其實肉類當中,還是存在著很多素食所無法提供的營養成分,即使某些營養素,可以透過添加營養補充品的方式獲得,但這並非是一個很好的長遠之計。狗狗並不適合完全不接觸肉類,所以如果是基於肥胖的原因,只要盡量幫牠們選擇脂肪含量較少的肉類來降低熱量吸收,像是魚肉或雞胸肉的脂肪都不多,不過還是要經常更換不同的肉類,才能達到最重要的營養均衡目標,平常注意不要吃太多零食,以及增加牠們的運動量,這樣才是最健康又正確的減肥方式。

大都會文化圖書目錄

●度小月系列

路邊攤賺大錢【搶錢篇】	280 元	路邊攤賺大錢 2【奇蹟篇】	280 元
路邊攤賺大錢 3【致富篇】	280 元	路邊攤賺大錢 4【飾品配件篇】	280 元
路邊攤賺大錢 5【清涼美食篇】	280 元	路邊攤賺大錢 6【異國美食篇】	280 元
路邊攤賺大錢 7【元氣早餐篇】	280 元	路邊攤賺大錢 8【養生進補篇】	280 元
路邊攤賺大錢 9【加盟篇】	280 元	路邊攤賺大錢 10【中部搶錢篇】	280 元
路邊攤賺大錢 11【賺翻篇】	280 元	路邊攤賺大錢 12【大排長龍篇】	280 元
路邊攤賺大錢 13【人氣推薦篇】	280 元		

● DIY 系列

路邊攤美食 DIY	220 元	嚴選台灣小吃 DIY	220 元
路邊攤超人氣小吃 DIY	220 元	路邊攤紅不讓美食 DIY	220 元
路邊攤流行冰品 DIY	220 元	路邊攤排隊美食 DIY	220 元
把健康吃進肚子— 40 道輕食料理 easy 做	250 元		

●流行瘋系列

跟著偶像 FUN 韓假	260 元	女人百分百—男人心中的最愛	180 元
哈利波特魔法學院	160 元	韓式愛美大作戰	240 元
下一個偶像就是你	180 元	芙蓉美人泡澡術	220 元
Men 力四射—型男教戰手冊	250 元	男體使用手冊 – 35 歲 ♂ 保健之道	250 元
想分手？這樣做就對了！	180 元		

●生活大師系列

遠離過敏— 　　打造健康的居家環境	280 元	這樣泡澡最健康— 　　紓壓 · 排毒 · 瘦身三部曲	220 元
兩岸用語快譯通	220 元	台灣珍奇廟—發財開運祈福路	280 元
魅力野溪溫泉大發見	260 元	寵愛你的肌膚—從手工香皂開始	260 元
舞動燭光—手工蠟燭的綺麗世界	280 元	空間也需要好味道— 　　打造天然香氛的 68 個妙招	260 元
雞尾酒的微醺世界— 　　調出你的私房 Lounge Bar 風情	250 元	野外泡湯趣—魅力野溪溫泉大發見	260 元
肌膚也需要放輕鬆— 　　徜徉天然風的 43 項舒壓體驗	260 元	辦公室也能做瑜珈— 　　上班族的紓壓活力操	220 元

別再說妳不懂車— 　　男人不教的 Know How	249 元	一國兩字—兩岸用語快譯通	200 元
宅典	288 元	超省錢浪漫婚禮	250 元
旅行，從廟口開始	280 元		

●寵物當家系列

Smart 養狗寶典	380 元	Smart 養貓寶典	380 元
貓咪玩具魔法 DIY— 　　讓牠快樂起舞的 55 種方法	220 元	愛犬造型魔法書—讓你的寶貝漂亮一下	260 元
漂亮寶貝在你家—寵物流行精品 DIY	220 元	我的陽光・我的寶貝—寵物真情物語	220 元
我家有隻麝香豬—養豬完全攻略	220 元	SMART 養狗寶典（平裝版）	250 元
生肖星座招財狗	200 元	SMART 養貓寶典（平裝版）	250 元
SMART 養兔寶典	280 元	熱帶魚寶典	350 元
Good Dog—聰明飼主的愛犬訓練手冊	250 元	愛犬特訓班	280 元
City Dog—時尚飼主的愛犬教養書	280 元	愛犬的美味健康煮	250 元

●人物誌系列

現代灰姑娘	199 元	黛安娜傳	360 元
船上的 365 天	360 元	優雅與狂野—威廉王子	260 元
走出城堡的王子	160 元	殞逝的英格蘭玫瑰	260 元
貝克漢與維多利亞—新皇族的真實人生	280 元	幸運的孩子—布希王朝的真實故事	250 元
瑪丹娜—流行天后的真實畫像	280 元	紅塵歲月—三毛的生命戀歌	250 元
風華再現—金庸傳	260 元	俠骨柔情—古龍的今生今世	250 元
她從海上來—張愛玲情愛傳奇	250 元	從間諜到總統—普丁傳奇	250 元
脫下斗篷的哈利—丹尼爾・雷德克里夫	220 元	蛻變—章子怡的成長紀實	260 元
強尼戴普— 　　可以狂放叛逆，也可以柔情感性	280 元	棋聖 吳清源	280 元
華人十大富豪—他們背後的故事	250 元	世界十大富豪—他們背後的故事	250 元

●心靈特區系列

每一片刻都是重生	220 元	給大腦洗個澡	220 元
成功方與圓—改變一生的處世智慧	220 元	轉個彎路更寬	199 元
課本上學不到的 33 條人生經驗	149 元	絕對管用的 38 條職場致勝法則	149 元
從窮人進化到富人的 29 條處事智慧	149 元	成長三部曲	299 元
心態—成功的人就是和你不一樣	180 元	當成功遇見你—迎向陽光的信心與勇氣	180 元

改變，做對的事	180 元	智慧沙	199 元（原價 300 元）
課堂上學不到的 100 條人生經驗	199 元 （原價 300 元）	不可不防的 13 種人	199 元（原價 300 元）
不可不知的職場叢林法則	199 元（原價 300 元）	打開心裡的門窗	200 元
不可不慎的面子問題	199 元（原價 300 元）	交心—別讓誤會成為拓展人脈的絆腳石	199 元
方圓道	199 元	12 天改變一生	199 元（原價 280 元）
氣度決定寬度	220 元	轉念—扭轉逆境的智慧	220 元
氣度決定寬度 2	220 元	逆轉勝—發現在逆境中成長的智慧	199 元 （原價 300 元）
智慧沙 2	199 元	好心態，好自在	220 元
生活是一種態度	220 元	要做事，先做人	220 元
忍的智慧	220 元	交際是一種習慣	220 元

● **SUCCESS 系列**

七大狂銷戰略	220 元	打造一整年的好業績— 店面經營的 72 堂課	200 元
超級記憶術—改變一生的學習方式	199 元	管理的鋼盔— 商戰存活與突圍的 25 個必勝錦囊	200 元
搞什麼行銷— 152 個商戰關鍵報告	220 元	精明人聰明人明白人— 態度決定你的成敗	200 元
人脈＝錢脈—改變一生的人際關係經營術	180 元	週一清晨的領導課	160 元
搶救貧窮大作戰？ 48 條絕對法則	220 元	搜驚 · 搜精 · 搜金 — 從 Google 的致富傳奇中，你學到了什麼？	199 元
絕對中國製造的 58 個管理智慧	200 元	客人在哪裡？— 決定你業績倍增的關鍵細節	200 元
殺出紅海—漂亮勝出的 104 個商戰奇謀	220 元	商戰奇謀 36 計—現代企業生存寶典 I	180 元
商戰奇謀 36 計—現代企業生存寶典 II	180 元	商戰奇謀 36 計—現代企業生存寶典 III	180 元
幸福家庭的理財計畫	250 元	巨賈定律—商戰奇謀 36 計	498 元
有錢真好！輕鬆理財的 10 種態度	200 元	創意決定優勢	180 元
我在華爾街的日子	220 元	贏在關係—勇闖職場的人際關係經營術	180 元
買單！一次就搞定的談判技巧	199 元 （原價 300 元）	你在說什麼？— 39 歲前一定要學會的 66 種溝通技巧	220 元
與失敗有約 — 13 張讓你遠離成功的入場券	220 元	職場 AQ —激化你的工作 DNA	220 元
智取—商場上一定要知道的 55 件事	220 元	鏢局—現代企業的江湖式生存	220 元
到中國開店正夯《餐飲休閒篇》	250 元	勝出！—抓住富人的 58 個黃金錦囊	220 元
搶賺人民幣的金雞母	250 元	創造價值—讓自己升值的 13 個秘訣	220 元

李嘉誠談做人做事做生意	220 元	超級記憶術（紀念版）	199 元
執行力—現代企業的江湖式生存	220 元	打造一整年的好業績—店面經營的 72 堂課	220 元
週一清晨的領導課（二版）	199 元	把生意做大	220 元
李嘉誠再談做人做事做生意	220 元	好感力—辦公室 C 咖出頭天的生存術	220 元
業務力—銷售天王 VS. 三天陣亡	220 元	人脈＝錢脈—改變一生的人際關係經營術（平裝紀念版）	199 元

●都會健康館系列

秋養生—二十四節氣養生經	220 元	春養生—二十四節氣養生經	220 元
夏養生—二十四節氣養生經	220 元	冬養生—二十四節氣養生經	220 元
春夏秋冬養生套書	699 元（原價 880 元）	寒天—０卡路里的健康瘦身新主張	200 元
地中海纖體美人湯飲	220 元	居家急救百科	399 元（原價 550 元）
病由心生—365 天的健康生活方式	220 元	輕盈食尚—健康腸道的排毒食方	220 元
樂活，慢活，愛生活—健康原味生活 501 種方式	250 元	24 節氣養生食方	250 元
24 節氣養生藥方	250 元	元氣生活—日の舒暢活力	180 元
元氣生活—夜の平靜作息	180 元	自療—馬悅凌教你管好自己的健康	250 元
居家急救百科（平裝）	299 元	秋養生—二十四節氣養生經	220 元
冬養生—二十四節氣養生經	220 元	春養生—二十四節氣養生經	220 元
夏養生—二十四節氣養生經	220 元	遠離過敏—打造健康的居家環境	280 元

● CHOICE 系列

入侵鹿耳門	280 元	蒲公英與我—聽我說說畫	220 元
入侵鹿耳門（新版）	199 元	舊時月色（上輯＋下輯）	各 180 元
清塘荷韻	280 元	飲食男女	200 元
梅朝榮品諸葛亮	280 元	老子的部落格	250 元
孔子的部落格	250 元	翡冷翠山居閒話	250 元
大智若愚	250 元	野草	250 元
清塘荷韻（二版）	280 元		

● FORTH 系列

印度流浪記—滌盡塵俗的心之旅	220 元	胡同面孔— 古都北京的人文旅行地圖	280 元
尋訪失落的香格里拉	240 元	今天不飛—空姐的私旅圖	220 元
紐西蘭奇異國	200 元	從古都到香格里拉	399 元
馬力歐帶你瘋台灣	250 元	瑪杜莎艷遇鮮境	180 元

●大旗藏史館

大清皇權遊戲	250 元	大清后妃傳奇	250 元
大清官宦沉浮	250 元	大清才子命運	250 元
開國大帝	220 元	圖說歷史故事—先秦	250 元
圖說歷史故事—秦漢魏晉南北朝	250 元	圖說歷史故事—隋唐五代兩宋	250 元
圖說歷史故事—元明清	250 元	中華歷代戰神	220 元
圖說歷史故事全集	880 元（原價 1000 元）	人類簡史—我們這三百萬年	280 元

●大都會運動館

野外求生寶典—活命的必要裝備與技能	260 元	攀岩寶典— 　　安全攀登的入門技巧與實用裝備	260 元
風浪板寶典— 　　駕馭的駕馭的入門指南與技術提升	260 元	登山車寶典— 　　鐵馬騎士的駕馭技術與實用裝備	260 元
馬術寶典—騎乘要訣與馬匹照護	350 元		

●大都會休閒館

賭城大贏家—逢賭必勝祕訣大揭露	240 元	旅遊達人— 　　行遍天下的 109 個 Do & Don't	250 元
萬國旗之旅—輕鬆成為世界通	240 元		

●大都會手作館

樂活，從手作香皂開始	220 元	Home Spa & Bath — 　　玩美女人肌膚的水嫩體驗	250 元
愛犬的宅生活— 50 種私房手作雜貨	250 元	Candles 的異想世界—不思議の手作蠟燭魔法書	280 元

●世界風華館

環球國家地理 · 歐洲（黃金典藏版）	250 元	環球國家地理 · 亞洲 · 大洋洲 （黃金典藏版）	250 元
環球國家地理 · 非洲 · 美洲 · 兩極 （黃金典藏版）	250 元	中國國家地理 · 華北 · 華東 （黃金典藏版）	250 元
中國國家地理 · 中南 · 西南 （黃金典藏版）	250 元	中國國家地理 · 東北 · 西東 · 港澳 （黃金典藏版）	250 元

● BEST 系列

人脈＝錢脈—改變一生的人際關係經營術 （典藏精裝版）	199 元	超級記憶術—改變一生的學習方式	220 元

● STORY 系列

失聯的飛行員— 　一封來自 30,000 英呎高空的信	220 元	Oh, My God! — 　阿波羅的倫敦愛情故事	280 元
國家寶藏 1 —天國謎墓	199 元	國家寶藏 2 —天國謎墓 II	199 元

● FOCUS 系列

中國誠信報告	250 元	中國誠信的背後	250 元
誠信—中國誠信報告	250 元	龍行天下—中國製造未來十年新格局	250 元
金融海嘯中，那些人與事	280 元	世紀大審—從權力之巔到階下之囚	250 元

●親子教養系列

孩童完全自救寶盒（五書＋五卡＋四卷錄影帶） 　　　　　　3,490 元（特價 2,490 元）		孩童完全自救手冊— 這時候你該怎麼辦（合訂本）	299 元
我家小孩愛看書— Happy 學習 easy go！	200 元	天才少年的 5 種能力	280 元
哇塞！你身上有蟲！—學校忘了買、老師 不敢教，史上最髒的科學書	250 元		

◎關於買書：

1. 大都會文化的圖書在全國各書店及誠品、金石堂、何嘉仁、搜主義、敦煌、紀伊國屋、諾貝爾等
連鎖書店均有販售，如欲購買本公司出版品，建議你直接洽詢書店服務人員以節省您寶貴時間，
如果書店已售完，請撥本公司各區經銷商服務專線洽詢。
　北部地區：(02)85124067　桃竹苗地區：(03)2128000　中彰投地區：(04)27081282
　雲嘉地區：(05)2354380　臺南地區：(06)2642655　高屏地區：(07)3730079

2. 到以下各網路書店購買：
　大都會文化網站（http://www.metrobook.com.tw）
　博客來網路書店（http://www.books.com.tw）
　金石堂網路書店（http://www.kingstone.com.tw）

3. 到郵局劃撥：
　戶名：大都會文化事業有限公司　帳號：14050529

4. 親赴大都會文化買書可享 8 折優惠。

愛犬的美味健康煮

作　　　者：Ting
攝　　　影：黑爸
發 行 人：林敬彬
主　　　編：楊安瑜
編　　　輯：杜韻如
內文排版：MOW
封面設計：MOW

出　　　版：大都會文化事業有限公司　行政院新聞局北市業字第89號
發　　　行：大都會文化事業有限公司
　　　　　　110台北市信義區基隆路一段432號4樓之9
讀者服務專線：（02）27235216
讀者服務傳真：（02）27235220
電子郵件信箱：metro@ms21.hinet.net
網　　　址：www.metrobook.com.tw

郵政劃撥：14050529　大都會文化事業有限公司
出版日期：2009年9月初版一刷
定　　　價：250元
ISBN 13 ：978-986-6846-68-7
書　　　號：Pets-16

First published in Taiwan in 2009 by
Metropolitan Culture Enterprise Co., Ltd
4F-9, Double Hero Bldg., 432, Keelung Rd., Sec. 1,
Taipei 110, Taiwan
Tel: +886-2-2723-5216　Fax: +886-2-2723-5220
E-Mail: metro@ms21.hinet.net
Website: www.metrobook.com.tw

國家圖書館出版品預行編目資料

愛犬的美味健康煮/
Ting著
黑爸攝影
— 初版. — 臺北市：大都會文化，2009.09
面；　公分. — （Pets；16）
ISBN 978-986-6846-68-7（平裝）
1. 犬 2. 寵物飼養 3. 食譜
437.354　　　　　　　98010288

大都會文化　讀者服務卡

書名：Pets 16　愛犬的美味健康煮

謝謝您選擇了這本書！期待您的支持與建議，讓我們能有更多聯繫與互動的機會。

日後您將可不定期收到本公司的新書資訊及特惠活動訊息。

A. 您在何時購得本書：＿＿＿＿ 年＿＿＿＿ 月＿＿＿＿ 日

B. 您在何處購得本書：＿＿＿＿＿＿ 書店（便利超商、量販店），位於＿＿＿（市、縣）

C. 您從哪裡得知本書的消息：1. □書店2. □報章雜誌3. □電台活動4. □網路資訊

　　5. □書籤宣傳品等6. □親友介紹7. □書評8. □其他＿＿＿＿＿＿＿＿＿

D. 您購買本書的動機：（可複選）1. □對主題和內容感興趣2. □工作需要3. □生活需要

　　4. □自我進修5. □內容為流行熱門話題6. □其他＿＿＿＿＿＿＿＿

E. 您最喜歡本書的：（可複選）1. □內容題材2. □字體大小3. □翻譯文筆4. □封面

　　5. □編排方式6. □其他＿＿＿＿＿＿＿＿＿

F. 您認為本書的封面：1. □非常出色2. □普通3. □毫不起眼4. □其他＿＿＿＿＿＿＿＿

G. 您認為本書的編排：1. □非常出色2. □普通3. □毫不起眼4. □其他＿＿＿＿＿＿＿＿

H. 您通常以哪些方式購書：（可複選）1. □逛書店2. □書展3. □劃撥郵購4. □團體訂購

　　5. □網路購書6. □其他＿＿＿＿＿＿＿＿＿

I. 您希望我們出版哪類書籍：（可複選）1. □旅遊2. □流行文化3. □生活休閒

　　4. □美容保養5. □散文小品6. □科學新知7. □藝術音樂8. □致富理財9. □工商管理

　　10. □科幻推理11. □史哲類12. □勵志傳記13. □電影小說14. □語言學習（＿＿＿語）

　　15. □幽默諧趣16. □其他＿＿＿＿＿＿＿＿＿

J. 您對本書（系）的建議：＿＿＿＿＿＿＿＿＿＿＿＿＿＿＿＿＿＿＿

＿＿＿＿＿＿＿＿＿＿＿＿＿＿＿＿＿＿＿＿＿＿＿＿＿＿＿＿＿＿＿

K. 您對本出版社的建議：＿＿＿＿＿＿＿＿＿＿＿＿＿＿＿＿＿＿＿＿

＿＿＿＿＿＿＿＿＿＿＿＿＿＿＿＿＿＿＿＿＿＿＿＿＿＿＿＿＿＿＿

讀者小檔案

姓名：＿＿＿＿＿＿＿＿＿　性別：□男□女　生日：＿＿ 年＿＿ 月＿＿ 日

年齡：□20歲以下□20～30歲□31～40歲□41～50歲□50歲以上

職業：1. □學生2. □軍公教3. □大眾傳播4. □服務業5. □金融業6. □製造業

　　　7. □資訊業8. □自由業9. □家管10. □退休11. □其他＿＿＿＿＿＿

學歷：□國小或以下□國中□高中／高職□大學／大專□研究所以上

通訊地址：＿＿＿＿＿＿＿＿＿＿＿＿＿＿＿＿＿＿＿＿＿＿＿＿＿＿

電話：（H）＿＿＿＿＿＿＿（O）＿＿＿＿＿＿＿傳真：＿＿＿＿＿＿

行動電話：＿＿＿＿＿＿＿＿＿ E-Mail：＿＿＿＿＿＿＿＿＿＿＿

◎如果您願意收到本公司最新圖書資訊或電子報，請留下您的E-Mail信箱。

愛犬健康煮

北 區 郵 政 管 理 局
登記證北台字第9125號
免 貼 郵 票

大都會文化事業有限公司

讀者服務部收

110台北市基隆路一段432號4樓之9

寄回這張服務卡（免貼郵票）
您可以：
◎不定期收到最新出版訊息
◎參加各項回饋優惠活動